U0498676

科学实验室之路
——中国地质大学（北京）能源实验中心建设与发展

张金川　樊太亮　李治平　唐书恒　高志前　等著

地质出版社

·北京·

内 容 提 要

本书系统介绍了中国地质大学（北京）能源学院实验室（能源实验中心）的发展历史与现状，主要包括历史底蕴与现状、建设与发展、高水平实验平台建设、能源地质穿越式实验教学体系构建与实践、运行管理与建设成效等，从侧面反映了能源人的追求、热情及奉献精神。

本书可供高校教师、实验室工作人员及相关管理人员参考。

图书在版编目（CIP）数据

科学实验室之路：中国地质大学（北京）能源实验中心建设与发展 / 张金川等著. —北京：地质出版社，2020.11

ISBN 978-7-116-11769-3

Ⅰ.①科… Ⅱ.①张… Ⅲ.①中国地质大学—能源—实验室管理—研究 Ⅳ.①TK01-33

中国版本图书馆 CIP 数据核字（2019）第 250005 号

KEXUE SHIYANSHI ZHI LU

责任编辑：孙亚芸
责任校对：王　瑛
出版发行：地质出版社
社址邮编：北京海淀区学院路 31 号，100083
咨询电话：(010) 66554528（邮购部）；(010) 66554633（编辑室）
网　　址：http：//www.gph.com.cn
传　　真：(010) 66554686
印　　刷：北京地大彩印有限公司
开　　本：787mm×1092mm $\frac{1}{16}$
印　　张：13.75
字　　数：335 千字
版　　次：2020 年 11 月北京第 1 版
印　　次：2020 年 11 月北京第 1 次印刷
定　　价：68.00 元
书　　号：ISBN 978-7-116-11769-3

（如对本书有建议或意见，敬请致电本社；如本书有印装问题，本社负责调换）

自　序

暑假是一年中最能自由支配自己时间的时光，是最让人脱离尘嚣喧嚷、徜徉浩瀚史海、踏勘野外地质或者专注嚼啃自己喜欢命题的时光，每年的暑假我都会沉浸在野外地质研究的海洋里。

与往年一样，暑假开始的当口儿，我在实验室里转悠转悠，忽然间发现平时采集的岩块还没有处理、破损的标本尚未清理、标注的方向未及整理、摆放的次序也有待梳理、携带的信息有待挖掘……遂决意不惜拿出点儿整块的时间将这些标本梳理整齐以备后用。既然这些时间都已经花费了，那何乐而不为，一鼓作气对平时工作中积累的实验室历史材料也进行一下梳理以备后用呢？权作快乐暑假中独自嚼啃地享受吧。

艰苦奋斗近70年，历史赋予了能源实验中心浩如烟海的故事。有感而生、浮想联翩，能源学院实验室的历史长卷滔滔不尽。石油地质及勘探专业和煤田地质及勘探专业是全国最早的四年制本科专业，其教学和科研水平首屈一指，以此为依托的实验室也曾异彩纷呈。相依学校曲折历史，能源实验室也走过了坎坷历程，其艰苦奋斗、敢为人先、积极进取、不怕挫折的精神是我们无限的受用之源。

纵闻横观、上下求索，能源实验中心今天的故事滔滔不绝。教育部本科教学评估一声号令，将能源学院全体教职员工集结在了"评估生死线"上，学院全民动员、老少皆兵，评估一举通过。能源实验中心也借此东风顺势而起、一跃腾升，仅用10年时间再次闯入了实验室平台建设和发展的前列。在能源实验中心建设过程中，教职员工、在校学生，也包括离退休员工，无私奉献、争创一流，再次展现了能源人顾全大局、团结上进的战斗精神，再次证明了能源人艰苦奋斗、敢于争先的风貌。

畅想未来、展翅翱翔，能源实验中心的持续发展滔滔不断。国际科技竞争日趋激烈，国内人才争夺酣畅淋漓，人才培养水平决定了科技发展高度。能源实验中心人以理论为武器、实践为战场，在海相储层与油气富集规律领域成果颇丰；以探索为乐趣、奉献为荣光，积极探讨煤层气、页岩气等学术新领域；

以前缘为目标、检验为标准，在非常规油气勘探开发领域奋力前行；突出特色、创新发展，在能源地质资源勘查和虚拟仿真教学领域开拓前进。能源实验中心人才济济、成果丰硕，定位于高水平一流目标，砥砺前行。

编整史料，落稿自序，此时已思绪万千、感想颇多、遐想连连、不续而终……

子夜的安静和嗒哒的键音自得其享。旺月下的初秋里，一缕清风送来了忽然的电话铃响，急促时已至戊戌年的中元节。施孤望月，七月半夜行，我也好借此重整思路、抖擞精神、踏征讲台了。

2018 年 8 月 25 日

前　　言

　　能源矿产是极其重要的国家战略物资，能源与环境、油气地质及石油工程领域的人才培养方兴未艾。随着新类型油气的不断发现和开发边际条件的逐渐扩大，相应的地质认识和工程技术需要不断更新，实验探索和理论研究缺一不可，它们是能源领域科技创新的重要手段。实验是人才培养和教学质量提高、学科前缘探讨和科学创新的重要途径，实验室是高等教育和科学研究的重要阵地。

　　能源地质与工程是多学科综合、高科技密集型领域，提高教学质量、提升科研能力是专业生存和发展的首要条件。实验室不仅是专业理论教学的实践场所，也是创新思维的源泉，在教学和科研领域中的作用不可或缺。本科生自踏进校门之日起，就非常渴望对自己所学的专业进行全面的了解，急需对自己所学专业有一个感性的认识，这是开展专业思想教育的最好时机，实验室是低年级本科生早期专业认识的"洗礼池"。进入高年级阶段，通过实践操作，加深理性认识水平，巩固理论学习效果，实验室成为专业教育的第二课堂。研究生是新知识创造的生力军，实验室成为其科学探索的重要阵地，借助实验室条件开展多种科技活动，有益于达到培养实践能力、提高研究水平、多方位提高人才培养质量的目的。

　　学科发展的知名度和学术影响力与其科研能力和水平是分不开的，实验室是推升科研能力和技术水平高度的平台基础。实验室不仅能够开展科学实验、获得科学数据，而且能够搭建学术平台、凝聚学科力量，是科学发现、技术发明、探索创新、推广应用的园地。实验是科学发现和成果创新的重要源泉，实验室的规模、水平和容量在很大程度上代表了它所在依托单位的整体实力。实验室是衡量高校教学水平的重要标志，要保持一流的学科水平并"建设世界一流水平的大学"，迫切需要一个学术思想活跃、创新能力强、特色方向明显、教学与科研兼顾的高水平实验室。

　　一流的学科发展需要一流的实验室建设，能源学院一流的学科水平需要一流的实验室配套。中国地质大学（北京）能源学院（能源地质系）发展历史悠久而曲折，作为全国能源地质四年制教育开展最早、研究水平和教育水平名列前茅的重点学科单位，曾在我国的能源地质高等教育和学术理论研究方面具有举足轻重的地位。现如今，她仍然是一支活跃在地质资源和地质工程、油气田开发工程、能源地质工程、煤及煤层气工程等领域的重要力量，国内外知名度和影响力不断扩大，实验室平台的作用更加凸显。

中国地质大学（北京）能源学院实验室的发展历经艰辛。在实验室建设的低谷时期，实验条件的改善速度滞后，导致专业教学研究仍然停留在原始的"课本"认识上，无法使学生建立通俗的感性认识，使学生的专业兴趣和动手能力培养严重受挫，导致学生培养质量受到明显影响，阻碍了研究生学术能力和水平的提高，更谈不上创新性研究和相关成果的取得。亟需发展建设一个密切结合能源学院（能源地质系）学科建设方向和规划构建特点、将地质勘探与开发工程相结合、教学实践与科学研究相结合的多功能特色实验室。

新世纪的到来给了能源实验中心发展的新机遇，教学与科研工作的迫切需要激发了实验室重建与发展的欲望，2004年开始的教育部本科教学评估活动重新拉开了能源地质系实验室建设的序幕。紧密围绕能源与环境、油气地质、油气田开发3个学科方向，新建、重建或改建形成了7个实验分室，2005年建起了能源地质工程、石油工程及能源信息工程3个实验室，能源实验中心逐渐成形，基本满足了不同专业方向实验教学的实验要求。在教学实验室建设方面，能源实验中心2008—2009年完成了从测试楼向科研楼的整体搬迁，实验室建设条件和发展空间得到了巨大改善，实验室建设整体效果显现。2009年和2012年，北京市和国家级实验教学示范中心先后获准立项建设，能源教学实验分中心的实验教学水平再上新的台阶。至2014年，国家级虚拟仿真实验教学中心获准立项建设，实验教学能力和水平再创新高。在科研方面，能源学院实验室建设同样奋起直追、大踏步前进。2006年国家煤层气工程研究中心煤储层实验室立项建设获批，2007年教育部重点实验室立项建设获批，2012年国土资源部和北京市重点实验室立项建设同时获批，重点围绕优势学科领域形成了特色研究方向，为科学研究搭建了更高起点的学术平台，为特色学科建设注入了新的活力，急剧缩短了与更高水平实验室之间的距离。

中国地质大学（北京）能源实验室中心历史悠久，在经历了时代磨炼后苗壮成长起来。经过无数后来人的共同努力，如今的能源实验中心具有规划部署先进、建设实施系统、学科覆盖面广、实验内容完整、教学与科研并重、现实与虚拟结合、自主创新明显、立体效果整装等特点。目前的能源实验中心实力雄厚，人才济济，拥有10个实验分室，内容上覆盖了沉积储层、构造分析、地球化学、含气评价、石油工程、油气开发等领域，对能源学院的学科建设产生了强有力的支撑作用。尽管能源实验室建设已经取得了长足进步，但与国内外知名实验室相比，能源实验室仍然存在不小的差距。能源实验中心发展和建设任重而道远，人才培养和成果建设仍将是工作重点和重心。从长计议，能源实验中心的发展仍需继续瞄准国际水平和目标，积极改变机制，努力改善环境，有望在短期内更上一层楼。

更高水平、国家级重点实验室一直是我们努力学习的对象和继续努力前行的既定方向，相信通过大家进一步的努力拼搏和团结奋斗，一个更高水平和定位目标的实验中心将会在不久的将来诞生。逝去的历史、匆忙的现在、美好的未来需要传承衔接，处于老一辈能源地质学家逐渐离退、新一代年轻学子旺盛接班的重要历史交接期，有意将能源实验中心的历史底蕴、能源人的专业文化、实验室建设者们的精神意志和工作态度予以梳理以传承，将实验室建设基础和发展目标予以引示，借愚公移山之魂，光我能源创业精神之大，担我争当一流之当，终将实现能源实验中心之既定目标。

能源实验中心的发展和建设得到了大家的关心、支持和帮助。在能源实验中心发展和建设过程中，邓军、王果胜、万力、王训练、雷崖邻、刘大锰等校领导一直给予了高度重视和极大支持。王杰、王志敏、梁勇、赵志丹、于炳松、白洁、张寿庭、季荣生、王银红、邓雁希、殷昊、任佳、田璐等国有资产与实验室管理处、科技处、教务处、学科建设办公室及发展规划处等部门领导长期关心能源实验中心的建设工作，陈德兴等教授为能源实验中心的发展提出了宝贵的指导性建设意见，在此表示由衷的谢意。

在2004年以来的实验室建设过程中，樊太亮院长多次组织会议商讨并亲自过问督办，李治平自任院长以来也非常关心实验室建设并积极推进和组织落实各项工作；李学建前书记和肖建新、唐书恒、王晓冬、王红亮等前副院长以及高志前副院长、刘志华书记亦积极协调，推动落实。

在2004年的实验室建设过程中，全系教师大力支持，实验室建设很快成型。李宝芳教授在百忙之中不仅提供了珍贵的部分实验室历史材料，而且还带头捐赠标本。郑浚茂教授对初稿提出了宝贵的建议。李宝芳教授捐赠了珍藏30年的黏土矿物标本，王晓冬教授捐赠了来自辽河油田的稠油工艺品，副校长张汉凯捐赠了来自塔里木油田的封装凝析油工艺品，校友李玉喜捐赠了来自东北抚顺的油页岩样品，校友王建东捐赠了不同型号的石油钻头，校友王家亮捐赠了来自大庆油田的封装原油工艺品……

特别需要感谢的是，侯读杰教授参与了大量的实验室规划、设计及建设工作。邓宏文、汤达祯、李明诚、于兴河、何登发、田世澄、姜在兴等教授大力支持，黄文辉、丁文龙、黄海平、康志宏、李克文、许浩等教授台前幕后义务帮忙，侯晓春、郭建平、毛小平、李胜利、刘鹏程、王红亮、刘景彦、陈永进等老师曾经担任过实验室/分室兼职负责人，王兰、刘琴、逄增苗等为实验室建设提供了多种帮助，为能源实验中心的建设做出了重要贡献。

能源实验中心王宏语副主任和金文正副主任、实验室唐玄主任和张元福主任在本书的编撰过程中付出了巨大辛苦，实验室何金友、胡景宏、赖凤鹏、李开开、卢俊、姚艳斌等主任以及程熊、李松、张建国主任等也付出了不少辛苦。

特别需要指出的是，廖永萍、李哲淳、王建平、伍亦文等完成了大量工作，保证了实验室的安全运行和正常生产。

能源实验中心的发展和建设得到了许多单位和个人的支持和帮助。

在能源实验中心的建设、运行和管理过程中，党伟、姜生玲、边瑞康、李哲、汪宗余、张培先、朱华、张琴、杨升宇、荆铁亚等无法一一列名的许多研究生也参与了大量工作。谨向具名、不具名的贡献者致以诚挚的谢意。

本书中所用资料截止于 2018 年。由于本书涉及内容较多且时代久远，成稿时间仓促，加之作者水平有限，书中难免存在疏漏和不足，敬请读者不吝斧正。

2018 年初秋

目　　录

1 能源实验中心历史底蕴与现状

1.1 能源实验中心历史底蕴

1952 年，全国进行高校专业大调整，北京大学地质学系、清华大学地学系地质组、天津大学（北洋大学）地质工程系、唐山铁道学院采矿系地质组及西北大学地质系合并，组建成立了北京地质学院。1953 年 1 月，毛泽东主席任命刘型为第一任院长（图 1.1），当年 7 月，第一届毕业生离校。

图 1.1 北京地质学院第一任院长任命通知书（1953 年 1 月 14 日）

（选自 http://tupian.baike.com/a3_29_72_01000000000000119087263624229_jpg.html）

北京地质学院 1960 年跻身于全国 64 所重点高校行列，是当时闻名的八大学院之一，具有厚实的历史底蕴。

受历史环境影响，学校的发展经历了曲折的历史（图 1.2）。1970 年，北京地质学院迁校至湖北江陵，1974 年底转移至湖北省省会并改名为武汉地质学院，1978 年成立武汉地质学院并在北京原校址恢复办学。1987 年成立中国地质大学，成为我国首批试办研究生院的 33 所高校之一，并首批进入 211 工程、985 优势学科创新平台建设行列。2005 年，京汉两地开始独立办学。2017 年，中国地质大学（北京）入选世界一流学科建设高校。

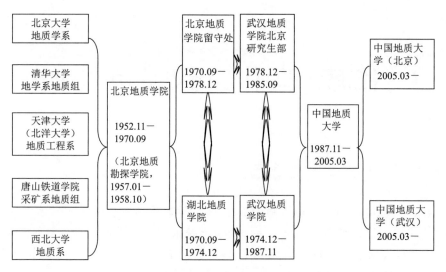

图 1.2　中国地质大学（北京）历史沿革

中国地质大学（北京）是我国地学人才培养的摇篮和地学研究的重要基地，现有 41 个本科专业、17 个教学单位、2 个国家一级重点学科、14 个省部级重点学科、16 个一级学科博士学位授权点、13 个博士后流动站，成为以地质、资源、环境、地学工程技术为主要特色，理、工、文、管、经、法相结合的多科性全国重点大学。

能源实验中心所在的能源学院，其历史可追踪至 1952 年建校时期成立的石油地质及勘探和煤田地质及勘探专业，这两个专业分别是全国第一个四年制专业，隶属于地质矿产及勘探系。1954 年，可燃矿产地质及勘探系从矿产地质及勘探系中分离而出。

经过复杂的历史变迁和传承（图 1.3），至 1991 年，中国地质大学在北京成立"能源地质系"，1994 年开始恢复本科招生。2004 年，更名为能源学院至今。

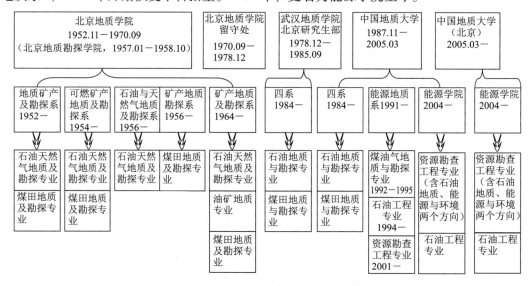

图 1.3　能源学院专业历史沿革简图

能源学院底蕴深厚，名流辈出，老一辈教授分别在盆地构造、沉积成岩、层序地层、地球化学及能源矿产富集成藏等领域，产生了重要影响，涌现出了潘钟祥教授、杨起院士等一大批杰出的优秀人才。

潘钟祥教授（1906—1983）为我国第一位石油地质学博士，最早提出了"陆相生油"理论，曾任北京地质学院金属及非金属矿产勘探系（1952—1956）主任和石油与天然气地质及勘探系（1956—1969）主任、武汉地质学院北京研究生部石油地质研究室主任（1978—1984）。

王鸿祯院士（1916—2010）曾任北京地质学院矿产地质及勘探系主任（1952—1956）、北京地质学院副院长（1956—1958），1980年当选中国科学院地学部委员。

池际尚院士（1917—1994）曾任北京地质学院石油教研室主任（1952—1954）、可燃矿产地质及勘探系和矿产地质勘探系副主任（1954—1957），1980年当选中国科学院地学部委员。

张炳熹院士（1919—2000）曾任北京地质学院矿产地质及勘探系副主任（1952—1954）、矿产地质勘探系主任（1957—1960），1980年当选中国科学院地学部委员。

杨起院士（1919—2010）主创了煤田地质与勘探专业，曾任北京地质学院煤田教研室主任、可燃矿产地质及勘探系副主任，1991年当选中国科学院院士。

现今的能源学院围绕煤、油、气地质勘探开发与环境，形成了多个特色明显、处于国内前缘地位的研究领域，为我国能源勘探开发培养了一大批煤、油、气地质与开发领域的过程技术和管理人才，为我国的能源工业做出了重要贡献，有3名毕业生成长为中国科学院院士。

能源学院现有石油地质、石油工程和能源与环境3个教研室，"矿产普查与勘探""油气田开发工程"分别为国家重点和北京市重点学科，"资源勘查工程"为国家人才培养模式创新实验区，"石油工程"和"资源勘查工程"（新能源方向）为国家特色专业。现有2个本科专业、5个硕士学科点、3个博士学科点、2个博士后流动站。2012年启动了石油工程专业国家卓越工程师培养和国家专业综合改革计划。

能源实验中心是中国地质大学（北京）的重要组成部分，其发展历史与学校和学院的发展过程休戚相关、唇齿相依。经过60多年的坎坷发展，目前的能源实验中心已经成为我国煤、油、气能源地质勘探与开发领域中不可或缺的特色实验室（中心）。

1.2 能源实验中心基本构架

能源实验中心紧密围绕能源学院教学与科研方向开展建设，是教学与科研互通、研究与实验共融、测定与试验相结合的试验、测试及研究平台，主体坐落于中国地质大学（北京）科研楼内（图1.4至图1.16），其中的第七层和第六层的东半部全部为仪器、设备或标本、模型所占据。

能源实验中心由能源实验教学分中心和能源实验科研分中心两部分构成，共同支撑资源勘查工程和石油工程两个专业的建设和发展，支撑能源与环境、石油地质及石油工程3个教研方向的特色教学与科研建设（图1.7）。

能源实验中心承担着以能源学院为主、其他相关院系为辅的实验教学任务，重点支撑

图 1.4　能源实验中心所在的科研楼外景

图 1.5　能源实验中心内廊

资源勘查工程（能源、油气地质方向本科生工科人才培养基地班、教育部资源勘查工程创新人才培养模式试验区、国家创新人才示范基地等）、石油工程（国家级特色专业、国家工程实践教育中心等）、资源勘查工程（新能源地质工程，国家级特色专业）专业的实验教学，包含了地质资源和地质工程、油气田开发工程、能源地质工程、煤及煤层气工程4个本科专业数十门课程的实验教学任务。

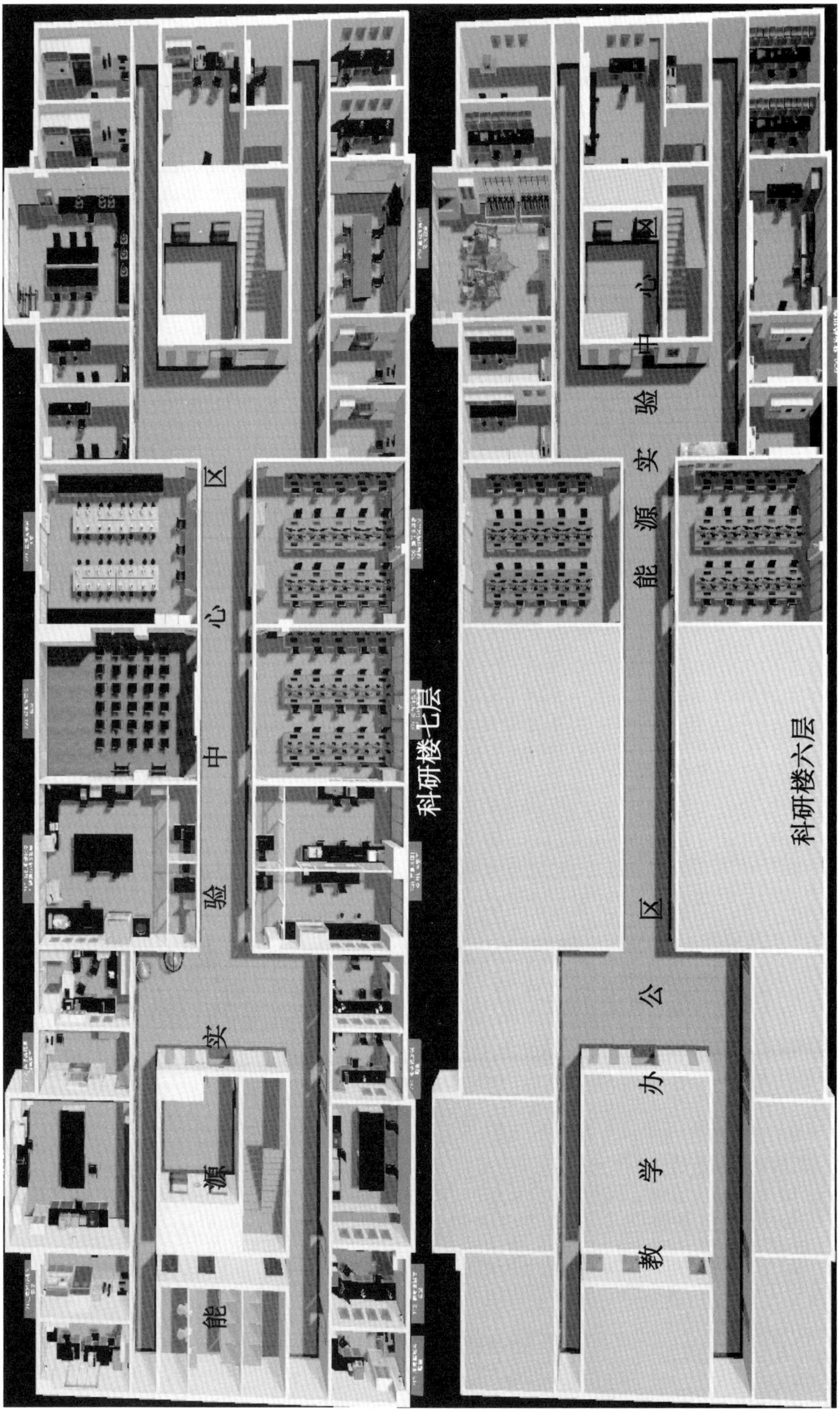

图1.6 能源实验中心鸟瞰效果图

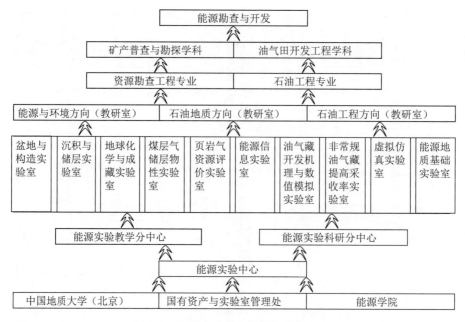

图 1.7　能源实验中心构成与学科方向

　　教学与科研兼顾，开展特色实验室建设，使能源实验中心近年来取得了长足发展（图1.8）。作为中国地质大学（北京）重点建设单位之一，能源实验中心承担着北京市地质资源与勘查实验教学示范中心能源分中心、地质资源与勘查国家级实验教学示范中心能源分中心、能源地质与评价国家级虚拟仿真实验教学中心（图1.9）的建设与运行任务。

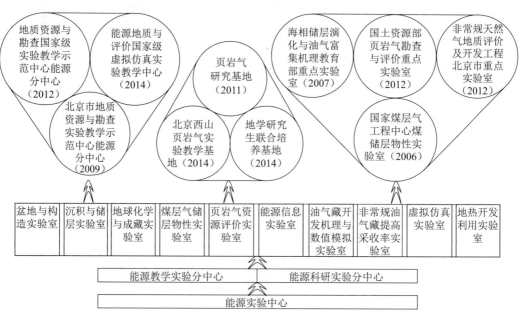

图 1.8　能源实验中心组织结构图

图 1.9　实验教学示范中心和虚拟仿真实验教学中心

能源实验中心全力支撑中国地质大学（北京）及相关单位的能源地质实验科学研究，以非常规油气地质与开发为特色，先后承担着国家煤层气工程中心中国地质大学（北京）煤储层物性实验室（图 1.10）、海相储层演化与油气富集机理教育部重点实验室（图 1.11）、自然资源部页岩气资源战略评价重点实验室（图 1.12）、非常规天然气能源地质评价与开发工程北京市重点实验室（图 1.13）等建设与运行任务。

图 1.10　国家煤层气工程中心中国地质大学（北京）煤储层物性实验室

图 1.11　海相储层演化与油气富集机理教育部重点实验室

截至 2017 年底，能源实验中心通过教育部基本教学条件改善资金、重点实验室建设资金、211 工程建设资金、归国人员仪器设备资金、仪器专项建设资金、教师科研项目资金、实验室联合共建以及其他多种形式，构建了支撑能源学院教学与科研、特色明显、初见规模的实验室群（表 1.1，表 1.2）。结合地质资源和地质工程、新能源地质工程、油藏工程、能源与环境工程 4 个方向，能源实验中心形成了 7 个高端实验平台、10 个实验室、30 个仪器功能室及一系列联合平台。

图 1.12　自然资源部（原国土资源部）页岩气　　　　图 1.13　非常规天然气能源地质评价及
　　　　　资源战略评价重点实验室　　　　　　　　　　　　开发工程北京市重点实验室

表 1.1　能源实验中心组织结构关系

实验中心	能源实验中心（Laboratory Group of Energy Resources）
实验分中心	能源实验教学分中心（Teaching Branch of Energy Laboratory Group）
	能源实验科研分中心（Research Branch of Energy Laboratory Group）
实验室	盆地与构造实验室（Basin and Structure Laboratory）
	沉积与储层实验室（Sedimentation and Reservoir Laboratory）
	地球化学与成藏实验室（Laboratory of Geochemistry and Hydrocarbon Accumulation）
	煤层气储层物性实验室（Coal-bed Methane Reservoir Physical Property Laboratory）
	页岩气资源评价实验室（Shale Gas Resource Evaluation Laboratory）
	能源信息实验室（Energy Information Laboratory）
	油气藏开发机理与数值模拟实验室（Development Mechanism and Numerical Simulation Laboratory of Oil and Gas Reservoirs）
	非常规油气藏提高采收率实验室（Laboratory of Enhanced Oil Recovery for Unconventional Reservoirs）
	虚拟仿真实验室（Virtual Simulation Laboratory）
	能源地质基础实验室（Basic Laboratory of Energy Geology）

表 1.2　高层次实验平台

教学实验平台	地质资源与勘查北京市实验教学示范中心能源分中心（Energy Branch of Beijing Experimental Teaching Demonstrate Center for Geological Resource and Survey）
	地质资源与勘查国家级实验教学示范中心能源分中心（Energy Branch of National Experimental Teaching Demonstrate Center for Geological Resource and Survey）
	能源地质与评价国家级虚拟仿真实验教学中心（National Virtual Simulation Experimental Teaching Center for Energy Geology and Evaluation）

科研实验平台	国家煤层气工程中心煤储层物性实验室（Coal Reservoir Laboratory of National Engineering Research Center of CBM Development & Utilization）
	海相储层演化与油气富集机理教育部重点实验室（Key Laboratory of Marine Reservoir Evolution and Hydrocarbon Enrichment Mechanism，Ministry of Education）
	自然资源部页岩气资源战略评价重点实验室（Key Laboratory for Strategic Evaluation of Shale Gas Resources，Ministry of Natural Resources）
	非常规天然气能源地质评价及开发工程北京市重点实验室（Beijing Key Laboratory of Unconventional Natural Gas Geology Evaluation and Development Engineering）

30 个实验功能室主要包括样品机械加工、薄片制备、分离抽提、样品陈列、构造模拟、应力-应变测试、成岩裂缝模拟、光镜、电镜、储层物性、油气物性、成分分析、同位素测定、比表面测定、工业灰分分析、含气量分析、残余气测试、含油气量测试、高温高压热模拟、渗流分析、油层物理、油气开发模拟、核磁分析、泥浆分析、钻井分析、数值模拟、虚拟仿真、信息分析、3D 打印、地热开发利用等。

能源实验中心拥有各种软件 200 套及仪器/设备 24 类 1000 件（附录 1），实验内容涵盖了构造、沉积、地球化学、成藏与分布、石油工程、油气田开发等多学科，包括了有机地球化学、岩石矿物、储层物性、含油气量、岩石力学、油层物理、开发工程等领域。

能源实验中心现有盆地与构造、沉积与储层、地球化学与成藏、煤储层与煤层气评价、页岩气成藏与评价、能源信息分析、油气藏开发机理与数值模拟、非常规油气藏提高采收率、虚拟仿真及能源地质基础等 10 个实验室，全方位支撑教学、科研及学科建设，目前已成为油气地质领域高层次人才培养的重要基地。

1.2.1 能源地质基础实验室

能源地质基础实验室主要由岩石样品、油气样品、钻具样品、微缩景观模型、样品预处理设备等组成，是能源学院各专业学生专业入门教育、石油地质基础实验、学生课外科技活动、小型学术交流与研讨、行业信息查询以及毕业教育的重要基地，也是对外合作与交流的重要窗口。

（1）岩石标本

主要包括：变质岩、火成岩、沉积岩等三大岩石类型典型手标本 264 块（图 1.14），不同牌号（煤阶）煤岩/炭样本 26 块，油砂-油页岩-典型页岩等样品 20 块（图 1.15），结核、珍贵黏土矿物样本 16 种（图 1.16），特殊地质现象等其他岩石标本 40 种。单井连续的成套岩心主要包括我国页岩气第一口发现井（渝页 1 井）的全部岩心（图 1.17）、贵州省第一口压裂试验见气流井（岑页 1 井）等 5 口早期有代表页岩气井的完整岩心，均为我国具有划时代意义的珍贵样品，5 口钻井目的层段连续岩心计 2000 m。

（2）微缩景观模型

按照地质过程原理和油气田开发特点，试制/研发了一系列微缩地质景观、微缩地质模型及微缩现场作业实物模型，为虚拟仿真实验提供了直观的实物原型（图 1.18）。能源

图 1.14　沉积岩石标本

图 1.15　化石和油页岩样品

地质与评价虚拟仿真实验中心目前拥有沉积相微缩实物模型（包括冲积扇、河流、湖泊、三角洲、半深海、深海等）、圈闭微缩实物模型、钻井工程平台微缩实物模型（1∶7）、钻具和采油树微缩实物模型（2∶1）、抽油机微缩实物模型（1∶3）等。此外，尚有天体模型 2 套（日地月运动模型和天象模型）。

（3）仪器设备

钻头钻具实物主要包括各种钻头、钻具、井下工具、封隔器等 10 件/套；样品实验前预处理设备（岩心钻取与加工、去除杂质、抛光、磨片、粉碎等）6 台/套。

1.2.2　盆地与构造实验室

盆地与构造实验室是中国地质大学（北京）重要的基础实验室之一。该实验室以构造地质学与盆地分析等基础地质科学问题为主要实验内容，开展大地构造地球动力学、盆

图 1.16 夜半进驻实验中心的"飞碟"(结核)

图 1.17 我国首口页岩气发现井
（渝页 1 井）岩心

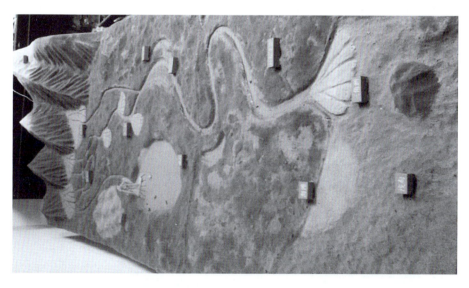

图 1.18 微缩沉积相实物模型（王红亮设计）

地构造地质学、构造物理模拟等相关教学实验及构造物理学和盆地构造地质学领域人才
培养。

该实验室目前拥有地质构造物理模拟实验装置、场发射三轴应力测定仪等设备 6 台套
（图 1.19），可用于大地构造动力学、断层相关褶皱成因机制、盆地及油气区构造等研究。

1.2.3 沉积与储层实验室

沉积与储层实验室围绕沉积地质学、沉积结构、成岩作用、储层物理、孔隙结构等内容
开展相关教学实验研究，目前拥有偏光显微镜（40 台）、粒度分析器、阴极发光仪、扫描电

图 1.19　岩石三轴试验机

镜、能谱分析等仪器共 20 台套（图 1.20），还拥有自行设计研制的沉积水槽设备一套，主要针对沉积过程、粒度分选、成岩作用、矿物成分、孔隙演化等方面开展实验研究。

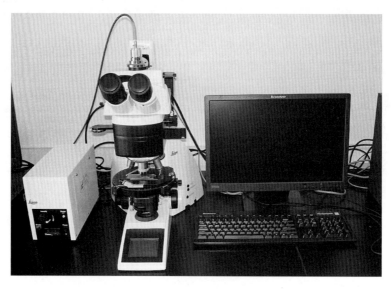

图 1.20　蔡司显微光度计

1.2.4　地球化学与成藏实验室

　　地球化学与成藏实验室围绕油气生成、煤成烃及天然气等领域开展实验研究，主要通过实验进行源岩评价、油气生成机理、油气成藏与原油次生蚀变、天然气生成与成藏机制、混源油定性定量判识等方面的教学与研究。该实验室目前拥有离子色谱仪、显微光度计、气相色谱仪、气相色谱-质谱联用仪、三级四级杆质谱仪以及单体烃同位素质谱仪等大型仪器 10 台（虚拟仪器 1 套，图 1.21），是典型的以科研带动教学、教学实验助推教学理论进步的试点实验室，可完成烃源岩定性、定量评价、油气源对比以及油气成藏条件、成藏过程、动力学研究、油气系统分析等多个方面的实验。

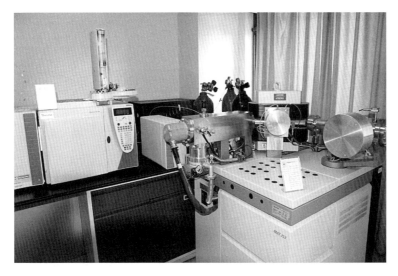

图 1.21　同位素质谱仪

1.2.5　煤储层与煤层气实验室

煤储层与煤层气实验室始建于 2008 年，主要针对煤、煤储层、煤层气等领域开展实验研究。目前拥有全自动比表面积及微孔分析仪、全自动压汞仪、全自动工业分析仪、储层模拟系统及工作站、甲烷等温吸附仪、煤储层物性低场核磁共振分析系统、数字煤岩显微结构图像分析系统和其他配套仪器 12 台（图 1.22）及虚拟仪器 1 套，可用于科研与教学。

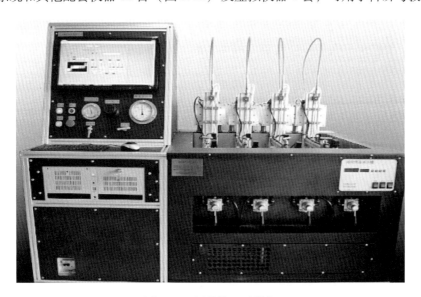

图 1.22　甲烷等温吸附仪

1.2.6 页岩气成藏与评价实验室

页岩气成藏与评价实验室是能源地质教学中的核心场所之一，主要针对页岩气机理的认识，开展相关的页岩气成藏条件评价、热压模拟、含气量、含气结构、页岩矿物、资源评价等方向的实验研究。目前主要有解吸速度测量仪（10 台套）、热压模拟设备、压汞仪、比表面仪、高精度含气量仪、含气结构分析仪、残余气测量仪、页岩油/油页岩含量测定仪等各类仪器 35 台套，其中半数以上的仪器由本院教师自行研制（图 1.23），具有鲜明的中国地质大学（北京）特色。

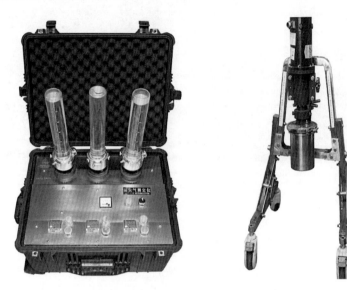

图 1.23　损失气测定仪和移动式连续型残余气检测仪

1.2.7 油气藏开发机理与数值模拟实验室

油气藏开发机理与数值模拟实验室的主要职能是开发机理、数值模拟研究及教学。有密度计（5 台）、旋转黏度计（10 台）、黏度测定器（5 台）、密度试验器（5 台）、计算机（40 台）、数值模拟软件（40 套）等多项开发机理及数值模拟相关的仪器软件（图1.24）。目前拥有油藏数值模拟主流软件 3 套，配备有盆地模拟、建模分析、试井分析、有限元分析、数值模拟以及常用的工具软件等，能够全方位地开展石油地质、能源与环境、油气开发工程等专业领域中的相关模拟与分析方面的教学与科研工作。

1.2.8 非常规油气藏提高采收率实验室

非常规油气藏提高采收率实验室主要为非常规油气藏勘探开发教学与科研提供服务，侧重于油气岩心（或煤心）、低渗超低渗、高温深井、稠油热采的岩心驱替流动等实验，目前拥有油气驱替装置（3 台）、微型钻井模拟仪、油气举升模拟仪、比表面仪（6 台）、气体孔隙度仪（6 台）、气体渗透率仪（6 台）、碳酸盐含量测试仪（6 台）等设备共 40 台，可为油气开发、油气地质以及资源勘察专业教学与科研提供良好支撑（图 1.25）。

图 1.24　全直径孔渗联测仪

图 1.25　岩心驱替模拟仪

1.2.9　能源信息分析实验室

　　该实验室是中国地质大学（北京）具有信息处理分析与解释研究特色的综合性实验室。设备以工作站系列为主（图 1.26），目前拥有地震解释工作站 50 台，安装有地震解释软件（50 套）及其他地震反演软件，为全三维地震解释的教学提供软硬件操作平台。可以通过软件的使用，综合地质、钻井、测井等资料，开展构造解释、沉积相分析、砂体空间展布、岩性和烃类检测等操作，绘出有关的成果图件，对测区做出含油气评价，提出钻井位置，解决油气勘探与开发问题。

图 1.26　能源信息分析实验室

1.2.10　虚拟仿真实验室

　　虚拟仿真实验室具有集教学、科研、展示为一体的多实验功能。瞄准地质过程时间漫长、野外地质剖面路途遥远、深部地下地质空间无法到达、油气形成和分布逻辑抽象等特点，该实验室通过虚拟仿真技术，侧重于油气地质过程的空间再现和研习者亲临其境的切身感受。实验室采用 CAVE 显示系统设计，增强了沉浸式的虚拟体验（图 1.27）。建有多媒体设备、3D 展示系统、教学设备等，具有多功能特点，可实现虚拟仿真基础功能（包含教学功能、虚拟仿真、3D 效果功能）、扩展功能（包含录播功能、监控功能、体感功能、中控功能等）及延伸功能（包含互动教学、多功能显示等）。

图 1.27　虚拟仿真实验室

能源实验中心的建设离不开各位院士、专家的关心和支持，离不开全体教职员工的努力和付出（图1.28）。能源实验中心坚持"共谋-共建-共管-共享"原则，以多种形式的开放努力为院内外师生和校内外朋友提供优质服务。

图1.28　能源实验中心运行领导及主要技术骨干（2013）

2 能源实验中心建设和发展简史

中国地质大学（北京）石油地质及勘探专业和煤田地质及勘探专业是全国最早的四年制本科专业，教学和科研水平长期在国内居于领先地位，在国际上也有相当声望，这是与教学科研中十分重视实践环节分不开的。

与专业发展相匹配，能源学院早期的实验室曾得到了同步建设和发展，相关的实验室建设和发展主要按照苏联模式进行规划和建设，着重参照了莫斯科地质学院（Московский Геологоразведочный Институт，МГРИ）石油系和莫斯科石油学院（Московский Нефтяной Институт，МНИ）地质系的建制。实验室的建设开始于建系之初，其发展与院系的历史唇齿相依，曾经拥有过辉煌的历史，但也经历了时代的风雨（附录2）。石油地质及勘探专业和煤田地质及勘探专业曾为实验室建设付出过巨大的努力，分别建立了在当时有特色、有影响力的实验室。

能源实验中心的建设和发展经历了3个基本历史阶段，即"三建三迁"过程。在1952—1970年的18年间，建成了功能完善、体系完整的教学实验室，完成了建校初期时的初创性建设（"一建"）。1970年，实验室随迁湖北（"一迁"）。迁移过程中，实验仪器、设备、标本等遭受较大损毁。在1978—1998年的20年间，实验室在北京逐渐开始恢复重建（"二建"）。至1998年，实验室从教8楼迁移至测试楼（"二迁"），仪器老旧、淘汰、报废，几乎均无保留（图2.1），大部分标本被弃，少量置于测试楼走廊。进入21世纪，实验室建设几乎在零的基础上重新开始。特别是从2004年开始，实验室开展了产学研结合、教学与科研并举、以实验中心平台建设为目标的再次创业建设（"三建"），对代表性仪器和标本进行集中管理。在2008年，实验中心完成了从测试楼到科研楼的整体搬迁（"三迁"）。

2.1 20世纪的早期发展

2.1.1 煤田地质及勘探专业实验室[1]

以煤田地质及勘探专业来说，在1966年前曾建立了5个实验室。

1）煤田地质实验室：1955年由方克定、李之鑫、傅泽明老师负责建成。拥有16台ROW牌偏反光显微镜和5台德国产的Liez偏光显微镜，用于显微煤岩类型和煤薄片显微组分鉴定。拥有大同、峰峰、开滦、太原、晋城、汝箕沟、平顶山等不同地区的特大块煤陈列标本、数百块不同变质程度的手标本及挂图、照片和图册等，供煤田专业6个班180

---

[1] 此部分内容主要根据李宝芳教授（2004）提供资料改编。

名学生上课使用。1959 年后，该实验室从全国各地增加了不同成因、煤级及宏观类型的煤岩标本数千块，逐一分类编号、建立档案。1960 年在全校实验室整改工作中荣获"先进"称号，当时负责人为李宝芳。

图 2.1　能源实验室中心现存的"古董"显微镜
（从左至右的采购年代分别为 1953 年、1981 年、1983 年）

2）找矿勘探实验室：1955 年由赵隆业、鲍亦冈老师负责建成。有求积仪 10 余台、大挂图多幅，供煤田和层状非金属专业学生实习课使用，后由张爱云老师负责。

3）煤化学实验室：1955 年由黄仕永老师负责建成。测试项目包括煤的工业分析、元素分析和部分工艺性质的分析，如煤的水分、灰分、挥发分、固定碳、发热量、胶质层、硫等指标。1956 年，化学分析室建立，黄仕永老师调走后由杨焕祥老师负责。

4）煤岩实验室：1959 年，从煤田地质实验室中分离出来煤岩实验室，由潘治贵老师组建。购置了带有偏反光和荧光的 MPV-I 型显微光度计，开展了煤镜质组反射率测定、煤显微组分定量等测试项目，除教学用外还供科研中煤的鉴定使用。除此之外，还在煤岩实验室内还附设了照相室。

5）沉积岩实验室：1959 年由傅泽明老师建成。以显微镜下对沉积岩薄片的岩矿鉴定为主，进行矿物成分定量和粒度结构等研究。

在 1969—1975 年的迁校过程中，保留下来的部分仪器、设备、标本等辗转运到了武汉。随后在武汉地质学院矿产地质及勘探系建立了煤田地质和煤化学两个实验室。

1976 年后，在武汉地质学院北京研究生部煤田教研室恢复了煤岩、煤化学和沉积岩 3个实验室，并新建了有机地球化学实验室。限于当时学校的条件，实验室经费没有拨款，完全由相关教师的科研费用支付。

1）煤岩实验室：由潘治贵老师负责恢复，可进行煤岩显微组分定量、煤镜质组反射率测定等，除教学科研外还对外开放。

2）煤化学实验室：由苏玉春老师负责恢复，因元气大伤又缺少经费，只能进行煤的工业分析等工作。

3）沉积岩实验室：由傅泽明、李宝芳、温显端老师恢复，除沉积岩薄片显微镜下的岩矿鉴定、粒度分析外,新增了黏土分析项目,并一度对外开放。增加的仪器有 Olympus BH-2 型偏反光显微镜一台。

4)有机地球化学实验室:1973 年由张爱云老师组建。主要进行煤和黑色页岩中有机质地球化学指标的测试分析,测试项目包括族组分分离(饱和烃、芳烃、非烃、沥青质)、生物标志化合物分析(非烃检测)、干酪根、煤岩组分分离、黏土矿物分离(伊利石)、从钒矿石中提取金属元素 V 和 Ag 等。大型仪器设备有气相色谱、超速离心机等,除教学外还长期对外开放。

1983 年,由黄光复、赵隆业老师与原煤田教研室联合,组建了北方煤田测试中心。该中心隶属于地质矿产部实验室管理科,由本校代管。该中心购置了 MPV-Ⅲ型显微光度计、图像分析仪和气相色谱等大型仪器设备,主要开展煤岩学、煤化学、有机地球化学和沉积岩的测试鉴定,经费由地质矿产部投入。1995 年,学校决定将北方煤田测试中心撤销,仪器设备分给了材料系和学校的实验中心。

恢复建设的 4 个实验室在 1998 年从教八楼迁至测试楼时,由于房屋紧张,标本大部分被丢弃,少部分放在走廊上。

2.1.2 石油地质及勘探专业实验室 [1]

与煤田地质及勘探专业实验室一样,石油地质及勘探专业实验室也同样拥有光荣的历史和挫折的经历。历史上的石油地质及勘探专业实验室,不论是在规模和设备方面,还是在完整性和先进性方面,均毋庸置疑。早期的实验室建设均以教学为主要目的,各种专业课程均有实验项目及对应的实验室,实验课时约可占教学内容的 40%,故实验室的规模较为庞大。以石油地质及勘探专业来说,教八楼几乎整个第三层均为实验室,此外还包括第二层东半部的一部分。

石油地质早期的相关实验室建于石油地质及勘探专业建立之初,主要由潘钟祥、陈发景、徐怀大、陈庸勋、陆伟文、姚梅生、齐宇峰等"七大员"(排名不分先后)所创,可分为化探、油矿地质、石油地质、地球化学等实验室。化探实验室可完成细菌培养、气体全分析、沥青分析及土壤岩样分析等,主要由黄少民、郑浚茂等老师负责。油矿地质实验室可完成孔隙度、渗透率、饱和度等油层物理相关实验,主要由徐怀大、崔武林等老师负责。石油地质实验室和地球化学实验室主要由李宝敏等老师负责。

20 世纪 80 年代以后的实验室建设逐渐转变为以科学研究为主,当时由卢松年、高品文、顾惠民等负责的有机地球化学实验室,由陈发景、刘和甫、吴振明等负责的构造地质实验室,由王德发、郑浚茂等负责的沉积实验室,由陆伟文、海秀珍等筹建的生物气实验室等,均拥有一批当时非常先进的红外光谱仪、紫外光谱仪、元素分析仪、Olympus 显微镜、阴极发光等仪器设备,整体代表了当时我国同类专业实验室的水平。举例来说,郑浚茂教授重点采用阴极发光仪,解决了成岩作用、储层物性等研究领域中的方解石与白云石微观识别、胶结期次、交代序次等问题,一举取得了一批领先性研究成果。

总之,历史上的石油地质及勘探专业实验室和煤田地质及勘探专业实验室曾经是我国历史上同类实验室中最好的实验室,是历史上同类实验室中先进的代表。能源地质相关实

---

[1] 此部分内容主要根据郑浚茂教授和刘琴老师口述资料整理编写。

验也曾经是方法和技术的先进代表，标示着我国高校同类专业实验室的最好水平。但由于历史的原因，能源地质相关实验室几经搬迁，实验室建设屡遭挫折，特别是在"一迁"和"二迁"过程中，残留的仪器陈旧零星、功能不全、难以再用。到 20 世纪末时，实验室几乎不复存在，留下了历史的遗憾，但也更多地留下了艰苦办学的经验和开拓进取的精神。直到 1998 年，由学校下拨的国家 211 工程资金和能源系共同出资，在测试楼 425 室建成了能源地质系工作站机房（图 2.2），主要设备为 2 台 Ultra2 SUN 工作站。

图 2.2　1998 年组建的能源地质系工作站机房

2.2　21 世纪的实验室发展

尽管在"一建"和"二建"过程中都曾取得了辉煌的实验室建设成果，但因历史原因，两次建设均只留下了前辈们拼搏的脚印。21 世纪以来，特别是从 2004 年开始的本科教学评估以来，能源实验室再次进入了历史发展机遇期，开始了等待已久的历史发展新时期。能源实验室几乎是在零的基础上，逐步开始了全新的重建，再次崛起了辉煌的建设之路（图 2.3）。

2.2.1　励图再起

为解决理论课程没有配套实验室的尴尬状态，能源地质系计划以石油工程实验室为切入点，在 21 世纪之初尝试进行实验室建设。2000 年，中国地质大学（北京）正式批准开始石油工程实验室建设，聘任王晓冬为石油工程实验室主任（郭建平、刘琴、侯晓春等为骨干），共投资近 40 万元用于购买仪器设备和房屋装修。以每台仪器 6500 元左右的价格，购置了 QKY-2 气体孔隙度仪和 BMY-2 岩石比表面测定仪各 3 台，STY-2 气体渗透率仪、JzhYI-180 界面张力仪及 GMY-2 碳酸盐含量测定仪各 2 台，TZ-2 岩心钻取机和

图 2.3　21 世纪的能源实验室建设从测试楼开始

QM-2 岩心端面切磨机各 1 台，在测试楼 432 室和 434 室（面积共 88 m^2）新建了油层物理实验分室（图 2.4）。另外，购置计算机 32 台，服务器、交换机、空调、激光打印机等各 1 台，在测试楼 417 室（面积 55m^2）新建了数值模拟实验分室（图 2.5），用以开展油藏描述与数值模拟、油藏工程、渗流力学及计算机应用等实验课程。2001 年，石油工程实验室被评为北京市高等学校基础课评估合格实验室。

图 2.4　新建的石油工程实验室油层物理实验分室（2000）

2003 年，侯读杰被聘任为实验室主任，侧重开展了国内外有机地球化学实验室建设的摸底排查工作，励图使实验室建设重新走上正常化发展道路。

2.2.2　抓住机遇

2004 年初，樊太亮教授接任邓宏文教授成为中国地质大学（北京）能源地质系主任，调整张金川教授为能源地质系实验室主任。同年，能源地质系由系晋升为学院，实验室建

22

图 2.5 新建的石油工程实验室数值模拟实验分室（2000）

设规格提升。2004 年是能源实验中心发展史上的重要转折点，能源学院实验室建设和发展得到了快速起步。特别是，全校开始启动本科教学评估工作。在经历了复杂的历史和痛苦的经历之后，能源实验室决定再次励图发展，集中精力构建一个全新的教学实验服务平台。期望在经过系统建设后，形成一个在形式上整合归一、在内容上融会贯通、在功能上交互补充、在管理上集中部署的能源实验中心平台。

配合能源地质系发展的总体思路，实验室建设抓住了本科教学评估这一有利的发展时机，开始筹划实验室的重新建设，开始了整合重建、改建及扩建工作。在 2004 年 1 月 5 日至 4 月 27 日期间，能源地质系全系动员，针对实验室编写的建设方案，组织了多次能源系本科教学实验室建设方案讨论，樊太亮院长亲自组织、能源系全民参与，经过 15 次反复修改，最终形成统一意见，形成了符合实验室前瞻性建设需求的能源系教学实验室建设方案。

2.2.2.1 能源地质系实验室建设的必要性

2004 年，能源地质系的本科教学覆盖了 2 个专业 3 个方向，2 个专业是资源勘查工程专业和石油工程专业，3 个方向分别是油气地质、石油工程和能源与环境。油气地质主要涉及资源勘查问题，石油工程主要涉及资源开采开发问题，能源与环境主要涉及资源利用问题。在专业配置和结构组合上，三者相辅相成、系统一体。资源勘查工程（油气地质）定位于石油地质新的地质理论、勘探技术和资源评价体系的传播教学，特色是在新知识不断融入的前提下，承袭传统的石油与天然气地质勘探与评价；资源勘查工程（能源与环境）定位于能源（煤油气）开发与利用过程中的环境治理，包括油田开发中的污水处理、燃煤（油）中的大气污染等，特色是在能源开发与利用中的污染治理领域延伸传统专业；石油工程定位于油藏工程，并向采油工程延伸，特色是强调地质理论与工程技术的结合。

2004 年，能源地质系肩负着教学与科研的双重重要任务，在"特色+精品"办学理念指导下，能源地质系的本科生、硕士生及博士生教学质量要求不断提高，教师队伍不断壮大，研究任务和教学任务急剧增加，但实验条件的改善速度滞后，使学生专业兴趣、基本技能和动手实践能力的培养严重受挫，甚至一些专业课程无法正常开设，直接导致了毕业生培养质量的相对下降。实验条件的不足严重影响了能源地质系教学水平的提高。

23

能源地质系发展历史悠久，曾在我国的能源地质高等教育和学术探讨研究方面具有举足轻重的地位，直至今日，它仍然是一支活跃在石油工程教学、油气田勘探开发以及能源与环境开发保护领域中的重要力量。作为全国能源地质高等教育开展工作最早、研究水平和教育水平名列前茅、国际知名度和影响力不断扩大的重点学科单位，能源地质系目前的实验室基础水平与其教学、科研水平的发展很不平衡、与国内外其他院校的发展相比也很不协调，已经成为制约教学质量改进和科研技术水平提高的瓶颈，能源地质系实验室基础水平与其学术地位不相称。

实验是本科生建立地质概念感性认识的重要途径，是研究生开拓地质思路的基本手段，是教学质量提高的重要筹码。尽管能源地质系发展态势良好，但与国内外其他石油院校（系）相比，实验室建设仍然存在很大差距，实验条件不足、实验设备匮乏，学生动手机会非常有限，许多实验课程无法正常开设，需要在已有实验室条件基础上更新改造。能源地质系主要分为三大学科领域，主要包括油气地质、油气工程以及能源与环境，从"围绕本科教学"的角度出发，实验室建设需要同时适应三方面学科建设的发展要求，因此需要对具有共性特点的基础实验条件进行重点建设，能源地质系的实验室条件亟待改善。

2.2.2.2 实验室建设定位

能源地质系专业建设的基本目标是按照产业链和人才市场需求，建立合理的专业结构，理顺专业与课程、课程与实践等环节的关系，理顺专业结构；资源勘查工程专业，有较好的教学资源，应向着"精品"方向努力。石油工程（及能源与环境方向）专业，应办出自己的特色，加强"精品+特色"的办学理念；从长远看，质量比规模更重要，宜适度规模，重在质量；争办工科基地班。

结合这一专业目标定位，申请建设的"能源系教学实验室"应遵循以下基本原则，即满足专业教育基本需要（是本次实验室建设中的一切工作重点和根本任务）；在基本满足教学需要前提下，适当为科学研究提供服务，逐步实现"教学促进科研、科研推动教学"的长期发展模式，即以教学为主，适当兼顾科研；实验室改建后，将成为各级专业理论教学的实践场所，为教学质量的提高创造条件，为学生课外活动和科技创新环境的形成创造条件，即紧密结合学校基本情况和本系专业发展特点，优选实验室建设项目。

建成后的实验室将可直接服务于 20 门以上的专业基础课程，承担 32 个（类）以上的实验课，如洁净能源概论、石油与天然气地质学、有机地球化学、油藏地球化学、油田化学煤油气盆地分析、油藏数值模拟、油藏描述、工作站系统与油气勘探软件、油层物理、渗流力学、地震勘探原理与解释、油藏工程、采油工程、地球物理测井及地质解释、储层地层学、油气田开发地质、油气藏动态监测技术、石油技术经济评价油气实验测试技术概论等。此外，尚可为本科生毕业设计提供直接服务。除了直接开设实验课程，有利提高教学质量以外，实验室项目的建设完成还将在其他方面起到积极的促进作用。

1）将为本科教学质量的大幅提高产生直接作用：建成后的实验室将是低年级本科生早期专业认识的"基地"和高年级本科生专业教育的第二课堂。从本科生踏进校门之日起，他（她）就非常希望早日对自己所学的专业进行了解，急需对自己所从事专业有一个感性的认识，这是开展专业思想教育的最好时机。实验室建成后，通过参观认识和了解专业，对学生树立稳固的专业思想、触动学习兴趣无不裨益。进入专业学习阶段后，实验室是他（她）们进行专业学习和动手能力培养的第二课堂，通过实际操作，进一步加深理性认识水平，巩固理论学习效果。

2）将为研究生教学质量的提高产生直接作用：建成后的实验室将是硕士研究生课外科技活动的"根据地"和博士研究生学术实践的创新"园地"。硕士研究生学习的基本要求之一就是扩大知识面，培养专业思维和动手能力，实验室是硕士研究生进一步认识专业、扩大理解能力的重要领地。借助实验室条件，通过多种形式开展课外科技活动，从而达到多方位提高教学质量的目的。博士研究生是新知识创造的生力军，实验室建设完成后，可以为其创新性思维的提出、求证甚至推广应用研究提供有利条件。改善后的实验室可以强化研究生的动手能力和实践能力，达到提高研究生培养质量的目的。

3）将成为教师科研的基本"平台"：学科发展的知名度和学术影响力与其科研能力和科研水平是分不开的，实验室改造完成后，可以协助提高教师的科研水平，丰富教师的知识范围和提高教师的授课水平，进一步起到科研促进教学的目的。

4）将是对外合作与交流的"媒介"：要贯彻"特色+精品"办学理念、保持国内一流的学科水平并"建设世界一流水平的地学大学"，迫切需要一个面向学生、服务教学、专业特色明显的教学实验室。

建设后的实验室将地质-工程-环境三大领域方向统一考虑，形成一条龙特色，与能源地质系的学科建设特色整合。采取"平台-模块-实验"组合（图2.6），各专业课教学与相关实验融会贯通，交叉利用，提高实验室利用率。充分利用有限资金和有限空间，实验室资源对各专业共享，实现多种效益最大化。长远规划，分步实现。

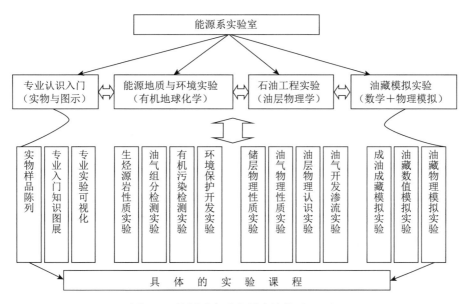

图2.6 能源系实验室层次结构（2004）

2.2.2.3 建设目标

申请"能源系教学实验室"建设的宗旨是："面向学生、服务教学；专业突出、辅助科研；全校开放、资源共享"。"能源系教学实验室"建设分为两级目标。

1）短期建设目标——满足基本教学需要：配合有关基础课程设置，并协助有关专业课程的开设，达到基本满足教学-实践需要（本科生为主，研究生为辅）的目的，即能够开展常规的油气地质、油气工程和能源与环境实验。结合考虑科学研究，引进部分"基础、必要、实用、进一步发展又必不可少"的专业性基本仪器和设备。

2）中、长期建设目标——建成专业特色明显的高级别重点实验室：形成结合能源地质系学科建设特点、个性特征明确的高级别重点专业实验室，成为培养学生动手能力、开展学生课外学术活动、协助学校（系）教师进行科学研究的特色实验室，使之成为一个可适用于地质、开发和环境教学与研究的专业性开放实验室，成为学术创新和人才培养的"人才工场"，成为国内外一流的特色实验室，成为学校对外交流与合作的一个重要窗口。

2.2.2.4 建设内容

能源地质系的学科建设和专业设置目前分为三大领域和方向，即油气地质教研室、油气工程教研室、能源与环境教研室。结合专业设置现状、已有实验室水平并考虑实验室的优化共享方案（综合效益最大化），拟分别建立3个专业实验平台和1个公共实验平台，形成能源系实验室的"3+1"构架模式，即3个平台、1个展窗。为实现各实验平台资源共享的目的，每一个平台又由不同的模块构成，平台与模块之间的交叉组合可使实验室利用率达到最大化，基本满足多门专业课程的教学实验需要。

根据实验室资源最大化利用原则，实验室的改善建设原则上由能源系统一建议、统一规划、统一建设、统一使用、统一管理维护、统一资源享用，为各学科专业教学提供最大方便。因此，各模块唇齿衔接，各实验与其相关课程彼此联系。

2.2.2.4.1 公共基础实验室建设模块——专业入门和抽象深化教育

鉴于没有专业教育实验室，学生所学的理论知识抽象，专业感性认识无法建立，对专业理论教学十分不利的现状，需建设满足大学生专业认识教育需要、逐步形成专业特色明显的代表性窗口实验室。

建成后的实验室将服务于本科生入学教育、石油与天然气地质学、能源地质学、油气田地质学、油层物理、油田化学、综合地质学、沉积学基础、构造地质学、石油工程概论、油气田开发、资源勘探学及其他课程的教学与实验，涉及有机地球化学、有机岩石学、环境地质学、渗流力学、岩石学、油层物理、石油工程概论等课程。

1）样品陈列壁橱：标本陈列多种原油样品、多种烃源岩（煤、泥岩、碳酸盐岩等）样品、多种储集岩样品、多种地质标本（构造、沉积、模型）等，具有经济、直观、节约空间、装饰美化、适用于各专业方向等优点。可用于展示能源地质系各方向（石油地质、石油工程、能源与环境）的基本特点，成为专业教育、探讨交流、彼此融会的重要工具，也可作为大学生专业感性认识的启蒙、研究生课外科技活动的媒介、教师交流的平台、对外宣传的橱窗。

2）图解、图像：内容主要包括实验室介绍、能源（煤炭、石油、天然气）工业史、勘探—开发—环保生产流程和主要工艺原理、实验室成果、能源地质系规划蓝图等，可用于专业知识普及性系统认识介绍、专业启蒙和了解教育等。简洁、直观、系统等优点明显，具有经济、直观、系统、节约空间、装饰美观、适用于各专业方向等优点，可兼顾专业知识宣传和成果介绍，形成实验室自身的特色。

3）实验可视化：内容主要包括按专业归整的图片资料、文字资料、影音录像资料、演示课件、动画效果、图说历史、专题讲解、特色镜头等，可将专业性、特色性、系统性、机动性融为一体，具有容量大、效果好、即插即用、管理方便等优点，有助于对基础课程和专业课程的系统认识或深入了解，进一步增加学生的专业兴趣。

2.2.2.4.2 能源地质与环境建设模块——有机地球化学教学与实验

该模块是专业基础实验教学的基本组成部分，是能源与环境、石油天然气地质、石油工程专业方向教学的共用基础实验设施，能够使学生建立生烃、沉积与构造、流体运移、油气成藏、油气田地下地质等方面直观的感性认识，支撑专业课程教学、搭建能源地质与环境研究平台，同时培养其动手能力和创造能力，引导本科生科技创新活动。鉴于只拥有部分陈旧仪器（色谱仪 1 台，已接近报废；玻璃器皿若干）的现状，建议优先更新、维护和改造。

近期规划和目标：满足专业课程授课需要，逐步形成本专业教学特色。更新完善有机地球化学、环境化学、煤油气地球化学、油田化学、油藏化学等课程的基本实验条件，一年内实现实验室维修、部分仪器替换，使有机岩、环境颗粒物、煤油气等采样、制样、有机化学组成分析等实验教学环节得到保障。建设完成后将支持 2 个专业方向：资源勘查工程中的油气地质和资源勘查工程中的能源与环境，能够开展生烃源岩性质、油气组分检测、有机污染检测、环境保护开发等方面实验。

中长期发展目标：购置热解分析仪（Rock-Eval）、日本产 Olympus 偏光及反光显微镜、气体等温吸附-解吸仪、裂解色谱仪及裂解色谱-质谱系统。

建设内容以满足有机地球化学基础、油田化学、石油与天然气地质学、油气实验测试技术概论、油藏地球化学、洁净能源概论、油藏有机地球化学、储层有机地球化学、油气运移、高等天然气地质学、油层物理、渗流力学、油藏工程、采油工程、沉积学等课程实验需要为主。

1）常规原油物性实验：与石油工程实验室共建，搭建原油物性如密度、黏度、含蜡量等实验，提高学生对专业学习的兴趣。

2）颗粒物采样器：用于化石燃料大气污染物采样。型号：TSP/PM10/PM2.5-2；厂家：北京迪克机电技术有限公司；单价：0.98 万元/件。拟购 5 件，满足标准班（30 人）实习需要。

3）有机地球化学分析：设备包括烃源岩、煤油气及有机污染物的有机抽提、柱色层分离、色谱分析、电子天平、鼓风干燥箱、恒温水浴、碎样机、箱式电阻炉、离心机及气相色谱仪等。

4）显微光度学实验配置：兼顾有机岩石学、储层岩石学、沉积岩石学等相关教学实习需要，汇聚现有显微镜并增加设备，以实现本科生微观认识实习的教学要求，主要包括磨片机、抛光机、演示显微镜等设备。

此外，尚需要在原有机地球化学实验室和有机岩石学实验室基础上进行实验室改造，改造后保证标准班（30 人）安全有效的实验操作条件。

2.2.2.4.3 石油工程模块——油层物理教学与实验

相对来说，石油工程专业实践性更强，为更好地配合教学，有必要在原油藏工程实验室基础上实施配套工程。该实验室配备条件较差，目前已有碳酸盐含量测定仪、表面张力仪、比表面测定仪等各 3 套，仅能开展少数几项最必需的油层物理实验（碳酸盐含量、气测孔隙度、气测渗透率、表面张力、比表面测定）。以建立健全最基本的教学实验体系，配合完成专业课程教学为建设目标，建设完成后将支撑石油工程和资源勘查工程中 2 个专业，能够开设油气物理性质、储层物理性质、油层物理性质、油气开发渗流等方面实验。

（1）油层物理实验

它是石油天然气地质与工程教育必不可少的教学环节，也是科学研究的最基础实验，适用于能源地质系各专业。配合专业课程设置、基本实验课程开设、课外科技活动及科研等活动，满足开展最基本的常规性物理实验的要求。该实验室已有少量仪器，但达不到专业认识性教学的最基本要求，无法满足正常的实验课程需要。需要购置原油黏度计、密度仪、储层孔隙度测定仪、渗透率测定仪、饱和度测定仪、润湿性测定仪等各 5 套，碳酸盐含量测定仪、表面张力仪、比表面测定仪各补充 2 套（已有 3 套），荧光灯 5 台，用以满足油层物理、渗流力学、油藏工程、采油工程、石油天然气地质学、油气田开发地质等课程的实验需要。

（2）油藏流体流动规律模拟实验

开展适用于实际岩心测定的相关实验，是开展油藏液体流动实验必备的专业仪器，既可以模拟储层流体的流动，也可以模拟入井流体对储层的伤害程度，如酸化、碱敏、盐敏、压敏等实验。

根据油气成藏与开发的教学需要，需购置 2 套多功能岩心驱替实验仪，满足油藏工程、渗流力学、储层保护技术、油层物理、渗流力学、油气运移、储层地质建模、采油工程、储层地层学、油气田开发地质、油气实验测试技术概论等课程需要。在兼顾石油工程、石油地质、能源与环境等专业教学的同时，可为科研提供帮助。

2.2.2.4.4 油气藏模拟实验模块——数值+物理模拟

数值模拟、储层建模等是油气勘探开发过程中必须进行的工作内容之一，也是能源地质专业必学的内容，属于学生必须掌握的基本技能。当时的状况是：学生一堂课才 50 min，但完成 5000 个节点的数值模拟算例需要 110 min，矿场上数值模拟常用节点数已过 1000000 个。数值模拟技术发展速度很快，为了让学生能够及时掌握其理论核心和应用技术，需要重建这样一个试验模块。

数值模拟是实验教学的重要组成部分，对于学生技能提高、就业选择、深造研究以及多方面培养均有实际意义。能源地质系曾经建设过一个油藏数值模拟的实验室，有工作站 3 台、微机 32 台、计算机桌椅 32 套、机房 55 m^2。由于当时的资金不足，所购微机硬盘小、转速低、计算速度慢、显示器存在老化发热等问题，现在已经使用 4 年、接近报废期，不能满足数值模拟、储层建模、盆地模拟等计算的要求，需要更换微机。

建设完成后，将支撑石油工程和资源勘查工程 2 个专业，能够开展成藏物理模拟、油藏数值模拟、油藏物理模拟等方面实验，满足本科 4 个标准班的教学基本需要。主导服务煤油气盆地分析、油藏数值模拟、油藏描述、工作站系统与油气勘探软件、地震勘探原理与解释、地球物理测井及地质解释、油气藏动态监测技术、石油技术经济评价、数学地质、层序地层学、渗流物理、能源矿产经济评价、工程流体力学、计算方法、勘探地球物理等多门课程，也包括本科生毕业设计。

（1）成藏物理模拟实验

建立油气赋存状态、运移动力、圈闭成藏、资源评价、勘探设计等专业基础方面的直观概念，有助于提高学生动手能力和教学质量，使学生建立对流体运动直观的感性认识。为节约资金，以自行设计和研制为主，采取厂家订制方案。主要包括酸蚀玻璃模型、有机玻璃（或钢化玻璃）模拟箱、压力测试探头或压力计、各种粒级的均匀等粒砂粒等，以满足油气运移、石油天然气地质学、高等天然气地质学、油气田开发、油层物理、油气藏工程、油藏描述基础、油气田地下地质学等课程开展最基本的物理模拟实验。

（2）油藏数值模拟实验

为建成面向全校、面向各专业、满足学生上机实习、集数值模拟（盆地分析、油气藏描述、开发模拟等方面）实验与软件开发于一体的多功能数值模拟实验室，需购置 Pentium 4 计算机 30 套，满足盆地模拟、油藏描述与数值模拟、本科毕业设计、工作站系统与油气勘探软件、油藏描述、地球物理勘探、地球物理测井及地质解释、地震勘探原理与地质解释、油气藏动态监测技术等课程实验的需要，可同时在满足教学实验实习的基础上兼顾科研开发。

（3）油气水驱替微观实验

以建立油气赋存状态、运移成藏、开发工艺、提高采收率等专业基础方面的直观概念为目的，使学生建立对流体运动直观的感性认识，有助于强化基础知识，提高教学质量。主导服务课程为渗流力学、采油工程、油气运移、油层物理、石油地质、油气田开发、油气藏工程、提高采收率原理等。

2004 年后以能够开展最基本的常规性机理实验为目的，结合学校投资状况，兼顾石油地质、石油工程等专业教学，首先建立参观性实验室。需要购置实体（荧光、反光、透光）显微镜、平流泵、气体钢瓶等各 2 套，操作台、减压阀、压力计、导管等若干。中长期目标则是设计制造压力釜，开展系统的油气成藏机理条件模拟实验（如高温高压生烃、溶解油气、水合物合成等）。

2.2.2.5 实施步骤及预期效益

2.2.2.5.1 实施步骤

1）2004 年 3 月—2004 年 12 月：重点开展实验室建设的规划、设计和规章建设工作，形成最佳实施方案；完成实验室改造（装修、布置、辅助设施等）；数值模拟实验室建成并投入使用；部分仪器设备引进；部分实验开始运行。

2）2005 年 1 月—2005 年 8 月：完成实验设备的安装调试和试运行；配件补充、实验材料购进；对存在问题的补充和完善；实验室全部开放运行。

3）2006 年 1 月—：根据实验室建设的中长期规划目标，逐渐完善实验教学体系，形成完整配套的教学实验体系。

2.2.2.5.2 预期效益

1）初步满足能源地质系教学基本需要。完成后的实验室既可以用于本科生的专业启蒙教育和毕业实习、多门课程的教学实验、增进学生的动手能力和理解能力，也可以用于研究生的课外科技活动和深入的专业研究及博士研究生的创造性论文研究。能够让学生充分了解油气地质与油气工程中的模拟技术和实验分析技术，对教学质量的提高具有十分重要的保障和开拓作用，是真正实现石油地质和石油工程专业成为"精品+特色"教学实践的重要前提保证。

2）实验室重点保障能源地质系本科生教学需要，同时面向全校学生开放，可以极大地提高学生的科研热情和动手能力。

3）既可以提高教师的科研水平，也可以拓宽教师的科研方向，同时，还可以提升中国地质大学（北京）的社会知名度。通过协助科研，逐渐向自主维护方向迈进。

2.2.2.6　建设所需要的条件和已经具备的条件

能源地质系当时已在人员构成上形成了多学科优势，但实验室用房紧张、设备仪器不足或已年久陈旧。进一步的实验室建设还需要学校补充实验用房，按标准班 30 人算，尚需要物理模拟实验用房 50 m^2、微观驱替实验用房 50 m^2、实验可视化教学用房 75 m^2、实验样品制作室用房 50 m^2，合计 225 m^2。同时，提供设备/仪器引进、研发、实验室改造及配套设施资金。

当时已经具备了不同学科的人才优势（学术带头人及学科教师群体）、实验研究人员、相关科研项目等多方面基础条件，但缺乏资金投入。

（1）人员

能源地质系拥有很强的学科优势和教学特色。由石油地质、石油工程和能源与环境 3 个教研室组成。能源地质系拥有 2 个学士、2 个硕士、3 个博士学位授予点和 1 个博士后流动站。当时有教职员工 39 人，其中有中国科学院院士 1 名，教授 14 人（博士生导师 12 人）、副教授 7 人，师资力量强大，中青年骨干教师大多拥有博士学位，其中 80% 在 20 世纪 90 年代期间曾在美国、英国、加拿大、德国、荷兰等国家进修学习，已成为教学与科研的中坚力量。在校本科生近 500 名、硕士生 120 余名、博士生 180 余名，随着高等教育的不断发展、壮大和我国能源需求的增加，能源系学生人数逐年上升，就业前景看好。能源地质系承担着一批国家重点基础研究项目课题、省部级重点项目、自然科学基金等项目。

当时的能源地质系实验室有实验室主任 1 名、专职实验人员 2 名、兼职实验室人员 12 名，其中有教授 4 名、副教授 4 名、讲师 4 名。兼职实验室人员的职称结构和学历结构合理，学科优势明显，并有很强的互补性，能够很好地完成专业课程实验任务。

（2）设备仪器

原石油工程实验室包括油层物理实验室和数值模拟实验室两个部分。配备油层物理常规基础实验设备 5 套（15 台仪器），主要有气体渗透率仪、岩心比表面测定仪、气体孔隙度仪、碳酸盐含量测定仪、界面张力仪等。另配有岩心钻取机和岩心端面切磨机。由于实验设施简陋，难以满足正常教学需要。原地球化学实验室拥有气相色谱仪、有机抽提等设备（表 2.1），但由于购置时间过长，主要机件部分已严重锈蚀，在使用过程中存在很大的安全隐患。另外，已拥有的设备仪器无论在齐全程度上还是数量配置上都满足不了先进教学的需要。因此也需要进行设备维修、更换和新仪器添置。

（3）实验室用房

油层物理实验室面积 88 m^2，数值模拟实验室面积 55 m^2，工作站机房面积 55 m^2，地球化学实验室面积 75 m^2，显微镜与显微光度学实验室面积 26 m^2，合计面积 299 m^2。按照实验室建设规划，实验用房尚有较大缺口。

表 2.1　地球化学实验室设备

序号	仪器名称	单位	数量	备注
1	气相色谱	台	1	已使用 20~30 年，需要维修
2	玻璃器皿	件	若干	
3	干燥箱	台	2	
4	电子天平	台	1	
5	显微镜	台	5	
6	光度计	台	1	
7	水浴恒温锅	台	3	已锈蚀
合计				

2.2.2.7　建设经费预算

启动实验室配套运行（一期）的基本预算为 185 万元，维持正常运行（二期）的基本预算为 190 万元，合计预算为 375 万元（表 2.2）。

表 2.2　实验室建设所需设备和家具预算

分类	序号	项目名称	单位	数量	金额/万元	备注
辅助配套设施	1	桌子	张	20	0.6	
	2	椅子	把	20	0.4	
	3	材料、资料安全柜	架	8	1.6	
	4	空调	台	2	0.8	
	5	实验台	个	8	1.6	
	6	稳压电源	台	2	0.8	
	7	单片机	台	2	0.2	
		小计			6	一期预算
一期仪器设备	8	投影仪	架	1	5	
	9	计算机	台	32	21.7	
	10	油层物理测试仪	套	5	30	
	11	微观驱替组合仪	套	5	30	
	12	成藏物理模拟器	套	5	19.5	
	13	油藏流体流动模拟器	套	1	20	
	14	颗粒物采样器	件	5	4.9	
	15	电子天平	台	2	1.54	
	16	鼓风干燥箱	个	1	0.48	

31

分类	序号	项目名称	单位	数量	金额/万元	备注
一期仪器设备	17	恒温水浴（型1）	个	6	0.6348	一期预算
	18	恒温水浴（型2）	个	2	0.1816	
	19	碎样机	个	1	2.85	
	20	箱式电阻炉	个	1	0.638	
	21	离心机	个	1	0.8	
	22	气相色谱仪	套	1	20	
	23	磨片机	台	1	0.5	
	24	抛光机	台	1	0.4	
	25	演示显微镜	台	1	20	
小计					179.1244	
二期仪器设备	26	热解分析仪	台	1	40	二期预算
	27	油藏流体流动模拟器	套	1	20	
	28	偏光、反光显微镜	台	10	50	
	29	气体等温吸附-解吸仪	台	1	80	
小计					190	
总计					375.1244	

2.2.3 快速发展

2.2.3.1 2004 年实验室建设

在 2004 年改造建设之前，能源实验室除了油藏工程实验室（包括油层物理和数值模拟两个实验室）以外，其他实验室基本上都处于无法正常运行的"瘫痪—半瘫痪"状态，或者是因为实验设备陈旧而无法正常开动，或者是因仪器设备缺乏而无法提供本科生正常实验。即使是条件较好的油藏工程实验室，也因为仪器台套数不足和空间狭小而不得不使学生进行多组实验。

为配合本科教学"评估"，在学校领导、相关职能部门领导、能源学院领导的关心和支持下，在能源学院广大教职员工的参与和协助下，能源地质系实验室在 2004 年经历了一场成功的改革与扩建洗礼。

2.2.3.1.1 建设目标

2004 年初，能源地质系递交了能源系教学实验室建设申请书，本着"紧密围绕教学、适当结合科研"的实验室建设基本思路，考虑学校基本情况，建设一批"投资少、见效快、各方面效益明显"的实验项目，为本系的教学、科研发展奠定良好的发展基础。按

32

照"面向学生、服务教学；专业突出、全校开放；共同参与、辅助科研"的宗旨，学校要求短期内尽快建成"能源系教学实验室"。

通过油气地质与工程基础、油气地质与工程物理模拟、油藏流体流动规律模拟、油藏数值模拟及石油有机地球化学等实验项目的建设，满足实验室发展与建设的目标。

（1）短期建设目标——满足基本教学需要

配合有关基础课程设置，并协助有关专业课程的开设，基本满足教学-实践的需要（本科生和少部分研究生），能够开展常规的油气地质和油气开发实验。同时，结合考虑科学研究，引进部分"基础、实用、进一步发展又不可少"的专业性基本仪器和设备。

（2）中、长期建设目标——建成专业特色明显的重点实验室

形成结合本系学科建设特点、个性特征明确的重点专业实验室，成为培养学生动手能力、开展学生课外学术活动、协助学校（系）教师进行科学研究的特色实验室，使之成为一个可适用于地质、开发和环保教学与研究的专业性开放实验室，成为学术创新和人才培养的"人才工场"，成为国内外一流的特色实验室。

2.2.3.1.2 建设成效

在维持正常的实验教学任务前提下，实验室在2004年完成了既定工作并取得了圆满效果。

（1）认真做好多方准备，积极论证实验室发展

在申请实验室改造建设的同时，积极开展了国内外相同（近似）院校和专业的实验室（中国地质大学（武汉）、石油大学（北京和华东）、成都理工大学、长江大学、青岛海洋大学、西南石油学院、中国石化无锡实验中心实验室、中国石油勘探开发研究院实验中心等）（图2.7）调研，逐一对比分析其建设思路和特色优势，讨论并前瞻确定了能源系实验室的发展规划和建设构想。在保证教学和实验教学正常运行的基础上，对实验室改造建设方案进行了多次论证和讨论，在理顺专业结构并广泛征求意见的基础上，确定了能源学院（能源地质系）实验室深化建设的总体思路和建设方案。

图2.7 实验室工作人员到中国地质大学（武汉）进行实验室建设情况交流

（2）坚持特色定位，合理规划实验室发展模式

定位特色，确立并贯彻实验中心的基本指导思想，即"面向学生、服务教学；重在基础、着眼未来；全校开放、资源共享"。通过交叉利用，实验室资源对各专业共享，可以充分地利用有限的资金和空间，实现多种效益最大化。结合能源地质系的专业设置和办学方向特点，确立形成了实验室改造建设的"平台—模块—实验"发展模式（图2.8），即以专业基础、有机地球化学、石油工程和分析模拟为平台，以专业教学课程为模块组合，以实验项目为基本单元，在不同层次上将各专业课的实验教学融会贯通，使地质-工程-环境3个领域形成一个有机的整体，与学科建设特色完全整合。

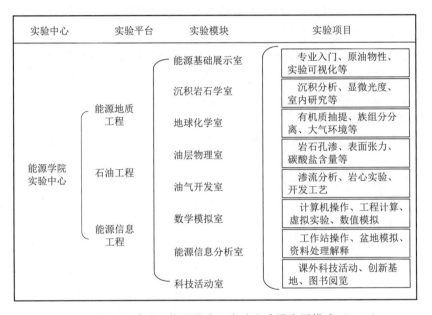

图2.8　能源地质系（能源学院）实验室建设发展模式（2004）

（3）抓住特色，调整各实验室的功能与结构

结合能源地质系学科发展特点和实验室建设现状，对实验室进行重新定位，实施资源整合，重新构建了实验室建设和发展新思路，开展了统一的整体布局和分阶段逐步建设。通过梳理开设课程的实验要求、分析实验与教学的匹配关系、考察实验室建设可利用资源以及系统的国内外教学实验室调研，制定了10年发展规划，有力地指导了后续的实验室建设工作。

能源学院发展历史较长，精华沉淀较多，专业特色也非常明显。针对能源学院专业设置的一条龙特色，对各实验室进行了一次较为彻底的排查摸底并在此基础上进行了整合及重新分解。通过2004年工作，将实验室梳理为石油工程实验室、油藏数值模拟机房、有机地球化学综合实验室、211工作站机房4个部分（表2.3）。对所有实验室进行了重新定位和规划，将原来的石油工程实验室、有机地球化学实验室和211工作站机房统一整合为能源学院实验中心平台。结合能源学院实验室现状开始了筹建能源地质工程、石油工程及能源信息工程3个实验室工作，开始了以能源学院实验中心建设为目标的实验室建设系统规划。

表2.3 能源地质系实验室状况统计（2004年5月）

实验室名称		地点	面积/m²	主任	电话	E-mail	实验员	电话	E-mail
石油工程实验室	概况	测试楼432室、434室	44+44=88	张金川	82320848	zhangjc@cugb.edu.cn	侯晓春	82320106	wxd_cugb@cugb.edu.cn
	简介	配备油层物理常规基础实验设备6套20台仪器，主要有显微镜、岩心比表面测定仪、气体孔隙度仪、气体渗透率仪、碳酸盐含量测定仪、界面张力仪，另配有岩心钻取机和岩心端面切磨机，学生油层物理教学实验时可按3人一组轮换进行。开设油层物理基础实验，包括油层物理常规教学实验、煤与有机岩石学基础实验，以及渗流力学、油藏描述等课程							
油藏数值模拟机房	概况	测试楼417室	55	张金川	82320848	zhangjc@cugb.edu.cn	郭建平	82320106	gjphn@263.net
							刘琴	82322754	liuqin-128@168.com
							侯晓春	82320106	wxd_cugb@cugb.edu.cn
	简介	配备Altra工作站2台，配有地质建模和数值模拟软件，PIII-667微机32台，配有数值模拟教学软件，全新的计算机专用桌椅。可进行油田开发工程、油藏地质建模、油藏描述及数值模拟等各种工程、油藏地质建模、油藏描述及数值模拟等各种上机实验等。另有服务器、交换机、激光打印机各1台，以及全新的计算机专用桌椅							
有机地球化学综合实验室	概况	测试楼324室、326室、328室	24.81+24.84+49.68=99.33	张金川	82320848	zhangjc@cugb.edu.cn	李哲淳	82322011	lizhechen@sina.com
	简介	主要有有机族组成分离实验装置、抽提设备、通风柜、恒温箱、干燥器、水浴锅及微镜等设备（严重老化或已失效）及一批玻璃器皿，可承担研究工作。有多种原油、烃源岩、煤炭及岩石薄片等样品可供观察实验							
211工作站机房	概况	测试楼425室	30	张金川	82320848	zhangjc@cugb.edu.cn	王宏语	62998809	
							王红亮	82323211	whl4321@vip.sina.com
							李胜利	82320109	slli@cugb.edu.cn
	简介	①现有设备：Sun工作站2台，型号Ultra 2，磁带机1个，HP2500-cp绘图仪1台，方正微机1台，HP-DeskJet660C喷墨打印机1台，HP-A3打印机1台，HP ScanJet扫描仪1台，相关办公桌椅若干；②能正常运行设备：1台工作站，微机1台，HP-DeskJet350C喷墨打印机1台，HP2500-cp绘图仪1台。其余设备（除正常运行设备与办公桌椅）修理费用高或难以修理，已申请报废							

重新设定能源基础展示室、沉积岩石学室、有机地球化学室、油层物理室、油气开发室、数值模拟室、能源信息分析室以及科技活动室等模块，打通了各专业领域之间的实验教学界限，有利于最大限度地挖掘实验资源，充分发挥实验室对理论教学的支撑作用。将能源系原有的各实验室（主要为石油工程实验室和有机地球化学实验室）整合为一个整体（表2.4），分别开始了对沉积岩石学分室、有机地球化学分室、数值模拟分室、油层物理分室的重建。在继承历史、保持特色基础上，筹建了能源科技信息（能源基础）实验室和油气田开发实验室。目标定位于筹建校级重点实验室，即以能源学院为主体成立能源实验中心。这一举措使实验室面貌得到了重大改变，能源实验中心初现雏形。

表2.4　实验室建设规划一览表（2004）

序号	分室名称	主要设备	主要功能	地点	负责人
1	能源基础展示分室	原油物性测定组合仪、实物展示、投影仪、可视化介质、大气颗粒采样器	专业展示、抽象过程可视化、原油物性、大气颗粒	测试楼434室	李胜利
2	沉积岩石学分室	显微镜、岩石标本和薄片	沉积岩石学分析、显微光度学实验	测试楼330室、332室	刘景彦
3	有机地球化学分室	干燥箱、电热恒温水浴锅、电阻炉	族组分分离、有机质抽提	测试楼324室、326室、328室	李哲淳
4	油层物理分室	气体孔隙度仪、气体渗透率仪、比表面仪、碳酸盐含量测定仪	孔隙度、渗透率、碳酸盐含量等测定	测试楼432室	侯晓春
5	油气开发分室	抽油机、井架、圆盘渗流、垂直管流、智能岩心仪	达西渗流模拟	测试楼402室、404室	刘鹏程
6	数值模拟分室	计算机、服务器	数值模拟、虚拟实验、工程计算	测试楼411室、413室	郭建平
7	能源信息分析分室	工作站、微机	盆地模拟、地震资料处理与解释、三维可视	测试楼425室	王宏语
8	科技活动分室	图书、资料	大学生科技活动、图书阅览、学术活动、信息交流	测试楼340室	王 兰

（4）对实验室硬件进行补充和完善

在资产处等学校有关部门的大力支持下，经过2004年的改造建设，能源学院实验中心在硬件建设上取得了大踏步的可喜进展，一部分陈旧仪器得到了更新，原来没有的实验项目得到了重点支持和建设。实验室的硬件建设得到了补充和完善，部分仪器设备已经签订购货合同，按照计划进度安排，所有实验设备均在秋季学期开学前就位并投入使用。同时，实验室的总体空间也得到了一定程度的扩大。

在能源学院广大教职工的努力下，能源实验中心的硬件环境得到了空前改观。主体上完成了实验室的布局改造，新建成了能源科技信息（能源基础）实验室，改善了数值模拟实验室、显微光学实验室、地球化学实验室和能源信息分析实验室的实验条件，实验能力大幅度提高。实验室面积和硬件环境得到了改善，各实验室开始进入正常实验状态。

（5）抓住历史机遇，以评估促建设

通过 2004 年的实验室建设，真正达到了"以评促建"的目的。通过实验室建设，不仅实验室条件得到了改善，而且展示了能源学院广大教职工的精神风貌，从"软硬件"建设两方面促进了教学条件的改善。建立健全了实验室的各项规章制度，各实验室的有关管理全部落实到人。集体讨论并确定了实验室发展和规划的基本模式、总体设想和具体措施。结合实验教学的发展需要，制定了相应的实施措施（包括学生课外科技活动等），从而在整体上把教学条件向前推进了一步。

在学校设备处的集体组织下和其他相关职能部门的配合下，能源学院实验室的实验环境和实验条件得到了明显改善（图 2.9）。通过对评估要求的准备，能源学院的实验室建设在短期内得到了大规模的进一步发展。在硬件建设方面，实验空间得到了归一整理和扩大，实验环境得到了明显改善，实验仪器设备得到了系统补充；在软件建设方面，实验指导书、实验报告逐步完善，仪器设备整理有序，实验室外延功能扩大；在管理方面，规章制度进一步系统完善，实验人员队伍扩大，分工细致明确，能源学院实验中心初步形成了全面协调一致、整体蓄势待发的态势，新的实验室面貌正在呈现。

图 2.9　能源实验室环境巨变（2004，上为整合前，下为整合后）

这些促进了本科教学环境的改善，体现了能源学院团结进取、积极向上的精神风貌，从多面促进了本科教学水平的提高，综合教学实力水平得到了提高。能源学院实验室的建设，不仅改善了实验的硬件环境，而且围绕实验室建设，整个能源学院的教职工紧紧团结在了"评估生死线"上，无私奉献，齐心奋战，争创一流，在精神风貌方面同样取得了前所未有的高度一致。尤其是，许多教师、职工、学生，甚至包括已退休的老教授均在实验室的改造建设过程中体现出了高风亮节、顾全大局的高尚风格，出谋划策、积极参与、捐赠标本。

通过2004年的实验室建设，能源学院在"物质"建设、"环境"建设以及"精神"建设等方面均取得了可喜进展。

2.2.3.1.3 存在问题

虽然2004年的实验室建设取得了大踏步进展，但是由于基础差、底子薄，长期积累的问题没有从根本上得到解决。

由于能源学院实验室资源有限，不能完全满足现代教学需要，在实验教学的实施过程中广开思路，积极利用多种资源。在实验教学过程中，积极地利用了校内外相关资源，如"现代测试技术及研究方法"的实验课程有效地利用了材料学院的两个专业实验室，有效地利用了学校测试实验中心的资源优势，也充分利用了大型专业实验室的集约优势——参观了中国石油勘探开发研究院实验中心。更进一步，也积极地尝试了现代实验技术手段——虚拟试验。尽管通过上述尝试，探讨了实验教学资源利用的方法，取得了进一步完善实验教学的基本经验，但由于建设基础过于薄弱，仪器设备仍然非常匮乏。

在2004年12月本科教学预评估时，整个能源实验室仍然被专家描述为"一小、二旧、三空、四缺、五可怜"，即实验室面积小、空间小，主要仪器设备陈旧，仪器设备少，教学装备缺东少西，缺乏必要的实验教学条件。除了石油工程实验室以外，其他实验室缺东少西，教学实验所需的关键性基础实验室设备和仪器缺乏，严重缺乏经费投入和支持，亟待改善。

1）原有实验室面积狭小，一般只有50 m^2，很难做到一次容纳一个标准教学班，因此扩大实验室平均面积是首要改进之一。

2）实验室位置分散，很难形成规模效应，需要把已有的实验室进行归并整理。该项工作已经开展并将很快结束。

3）原有仪器设备的台套数不足，严重影响了实验教学效果。

4）部分仪器陈旧，需要尽快更新和配置。

5）基地班的建设进一步增加了实验室的容量压力，在原有容量本来就不足的情况下，基地班建设对实验室建设提出了更高要求。

针对校内专家评估团提出的意见，能源实验室尚需做出更大努力。

2.2.3.2 2005年实验室建设

2.2.3.2.1 实验室建设面临的困难和问题

2005年的实验室建设仍然面临较大的困难和挑战，但在校院各级领导、实验室工作人员以及能源学院广大教职工的共同努力下（图2.10），能源学院实验室建设在2005年解决了一系列困难和问题。

1）配套仪器设备购置：由于能源学院实验仪器设备的台套数不足，仍然需要在仪器

图 2.10　实验室建设工作研讨会（2005）

设备方面进行投入。重新配置后的仪器台套数将初步满足教学的基本要求。

2）实验桌椅台具：由于对实验室布局进行了较大幅度的调整，也由于实验仪器和设备台套数的增加，原有的实验用桌椅台具不再满足实验室要求。

3）实验室实际使用空间：由于房屋重组调整，实验室空间面积不足的问题仍然非常严重。为了能够达到正常满足能源学院实验教学的要求和目的，仍需增加实验室面积。

4）房屋装改：由于重新布局建设，需要相应的配套投入。调整后的实验室布局将克服原先设置的不足，在硬件环境上产生良好效果。

2.2.3.2.2　初步建成的教学实验室

在 2004—2005 年间，学校累计投入 240 万元用于能源实验中心建设，购置了莱卡显微镜 25 台、高温高压渗流仪 3 台、抽油机模型 2 台、两相垂直管流模拟实验装置 1 套、气体平面径向稳定渗流模拟实验装置 1 套、钻机模型 1 套、教学采油模型 1 套、颗粒物采样器 6 台、石油黏度测定仪 5 台、石油水溶性酸碱度试验器 1 台、石油色度试验器各 1 台、石油密度试验器 5 台、石油硫含量试验器 5 台等一批仪器设备。使用这些经费，对油层物理和有机地球化学等实验室进行了不同程度的改造，更新了油藏数值模拟室计算机设备，重建了沉积岩石学实验室（仅剩的几台历史继承性仪器（显微镜）已经老化或严重超龄服役，最老一台显微镜的购买时间为 1953 年）、新建了油气田开发和能源基础等实验室，搭建了能源实验中心进一步发展的总体构架。

经过两年的努力，从面上抓基础，从深度抓特色，重点建设了能源地质标本库、配置了原油物性、岩石有机地球化学、钻机现场模型等一批最基本但有特色的教学实验设备和仪器。特别是根据特色找资源，依靠大家的共同努力和最小的付出代价，在最短时间内建成了当时全校覆盖面广、典型性强、用途广、目前仍然在能源地质教学过程中发挥重要作用的能源地质标本库，并以此为基础建成了富有自身明显特色的能源地质基础实验室。

（1）能源地质工程实验室

能源地质工程实验室是能源学院实验中心的三大支柱之一，主要由能源专业基础展示、有机地球化学和沉积岩石学等实验分室构成，数值模拟、能源信息分析以及油层物理等实验分室作为辅助支撑。主要为资源勘察、石油地质以及石油工程等专业提供教学与科研服务。

1）能源专业基础展示实验分室（图 2.11）主要由实物展示（包括沉积岩石学标本、岩心、原油样品、钻头等）、原油物理性质测试（色度、黏度、密度、旋光、荧光等）、实验可视化等功能构建而成，是能源学院各专业学生专业入门教育、石油地质基础实验、学生课外科技活动、小型学术交流与研讨、行业信息查询以及毕业教育的重要基地，也是对外合作与交流的重要窗口。开设了石油与天然气地质学、能源地质学、油气田地下地质学等相关教学实验（附录 3）。

图 2.11　新建成的能源基础展示实验分室（2005，测试楼 318 室—320 室）

2）有机地球化学实验分室是学校最早成立的特色实验室之一（图 2.12，图 2.13）。作为教学和新技术开发的重要支撑，它具有良好的基础条件，可完成多种有机物的预处理、原油和岩石中可溶有机质的抽提、可溶有机质的族组成等方面的分析，进行烃源岩、原油以及环境污染领域有机物的精细处理，为烃源岩评价、油气特征研究、油气田开发中的产能分配以及环境评价提供教学依托。对有机地球化学、油藏地球化学、油气地质学、能源地质学、油气资源评价等方向的教学与科研提供基础支撑。

图 2.12　改造重建前的有机地球化学实验室（2004）

图 2.13　重建后的有机地球化学实验分室（2005，测试楼 324 室—328 室）

3）沉积岩石学实验分室是能源与环境、石油地质、油气田开发等专业进行教学及科学研究的专业基础实验室（图 2.14）。新增了莱卡显微镜 20 台，拥有大量岩石学实验标本及薄片，辅助开设的实验课程主要有有机岩石学、岩石学室内研究方法、能源地质学以及现代测试技术及研究方法等。

图 2.14　沉积岩石学实验分室（2005，测试楼 330 室、332 室）

（2）石油工程实验室

石油工程实验室是学校特色实验室之一，也是北京市高等学校基础实验室评估合格实验室，主体由油层物理和油气开发两个实验区构成，专业基础展示、沉积岩石学、数值模拟、能源信息分析等其他实验分室作为相应支撑，为石油工程、石油地质、资源勘查等专业的教学与科研提供支撑服务。

1）油层物理实验分室配备有 7 套 26 台仪器（图 2.15），主要包括气体孔隙度仪、气体渗透率仪、岩心比表面测定仪、碳酸盐含量测定仪、岩心钻取机以及岩心端面切磨机等，可为油气开发、油气地质以及资源勘查专业教学及科研提供良好支撑。

图 2.15　油层物理实验分室（2005，测试楼 325 室）

2）油气开发实验分室是油气田开发、油气地质以及资源勘查专业教学与研究的基础实验基地（图 2.16），拥有多台套抽油机微缩模型、井架微缩模型、达西渗流仪、圆盘渗流仪以及高温高压岩心实验仪等，主要服务于油层物理、渗流力学、油藏工程、采油工程、钻井液与完井液以及提高采收率原理等课程。

图 2.16　新建成的油气开发实验分室（2005，测试楼 334 室—338 室）

（3）能源信息工程实验室

能源信息工程实验室主体由数值模拟和能源信息分析两个实验分室构成，其他实验分室作为辅助支撑，同时服务于能源学院的 3 个专业方向。

1）数值模拟实验分室是集教学、实验及科研为一体的开放型实验室（图 2.17），主体配备了 P4 微机 32 台，配备有盆地模拟、建模分析、试井分析、有限元分析、数值模拟

42

以及常用的工具软件等，能够全方位地开展石油地质、能源与环境、油气开发工程等专业领域中相关模拟与分析方面的教学与科研工作。除此之外，该室还配备有虚拟实验软件，可开展虚拟仪器实验分析。该实验分室可支撑油藏描述、计算机应用、油藏数值模拟、油矿地质、油层物理、油藏工程、渗流力学、盆地模拟、现代测试技术及研究方法等本科生及研究生课程。除了服务于正常的教学以外，该实验分室还是本科生毕业设计的重要基地，每年都为本科毕业生开放以进行论文研究。

图 2.17　数值模拟实验分室（2005，左为重建前的测试楼 411 室—413 室，右为重建后的测试楼 217 室）

2）能源信息分析实验分室是学校具有信息处理分析与解释研究特色的综合实验室之一（图 2.18）。设备以工作站系列为主，拥有 Sun 和 Altra 系列工作站、微机工作站多台套及 HP2500CP 大型绘图仪等设备。安装有多种专业软件，适合于教学实验、学生课外科研活动以及科学研究。能源信息分析实验分室可支撑油藏描述、盆地模拟、地震测井综合解释、地震地质解释及其软件应用、盆地构造分析、试井分析、油藏数值模拟等本科生及研究生课程。

图 2.18　能源信息分析实验分室（2005，测试楼 425 室）

2.2.3.2.3 实验室建设成效

2005 年，实验室发展和建设开始进入快车道。在建设思路上开启了"平台-模块-实验"组合模式，在管理模式上采取了"共谋-共建-共管-共享"措施，全面完善了能源专业基础展示实验分室、油气开发实验分室、沉积岩石学实验分室、有机地球化学实验分室、数值模拟实验分室、油层物理实验分室及能源信息分析实验分室的功能，组建形成了能源地质工程、石油工程及能源信息工程 3 个实验室。

实验室建设得到了进一步的发展和完善，实验条件和实验功能进一步改善，实验室运行趋于正规化发展。

1）实验室建设初见成效：实验室建设完成了由分散到集中、由残缺不全到初步形成体系、由功能基本瘫痪到初具规模的历史性转变。在硬件建设方面，初步完成了 7 个实验分室的硬件建设及改造任务（表 2.5），仪器落实到位，运行正常。在管理建设方面，实验室建设初步达到了规范化运行目标，保证了各实验室的正常运行，彻底改变了 2004 年校内预评估专家评价的"一小、二旧、三空、四缺、五可怜"形象。实验室成为能源学院重要的展示窗口之一。

表 2.5 能源实验中心基本情况（2005 年 5 月）

实验室	分室	主要设备	仪器设备台/套数	主要功能	地点	面积/m²	负责人
能源地质工程实验室	有机地球化学分室	干燥箱、电热恒温水浴锅、电阻炉	24	族组分分离、有机质抽提	测试楼 324 室—328 室	90.5	李哲淳
	沉积岩石学分室	显微镜、岩石标本和薄片	25	沉积岩石学分析、显微光度学实验	测试楼 330 室—332 室	70.5	廖泳萍
	准备室	采样器、天平	8		测试楼 322 室	27.5	李哲淳
石油工程实验室	油层物理分室	气体孔隙度仪、气体渗透率仪、比表面仪、碳酸盐含量测定仪	37	孔隙度、渗透率、碳酸盐含量等测定	测试楼 325 室	78	侯晓春
	油气开发分室	抽油机、井架、圆盘渗流、垂直管流、智能岩心仪	12	达西渗流模拟	测试楼 334 室—338 室	81	郭建平
能源信息工程实验室	数值模拟分室	计算机、服务器、软件	34	数值模拟、虚拟实验、工程计算	测试楼 411 室—413 室、217 室—219 室	64	王建平
	能源专业基础展示分室	原油物性测定组合仪、实物展示、投影仪、可视化介质	16	实验、实验教学、课外科技活动	测试楼 318 室—320 室	80.5	王建平
	能源信息分析分室	工作站、微机、输入输出设备	22	盆地模拟、地震资料处理与解释、三维可视	测试楼 425 室	53	王宏语
	合计		178			545	

2005 年 10 月，能源学院实验中心建筑面积达到了 600m²，拥有各类设备和仪器 200 台（套）、实验标本 1000 件，总资产原值超过了 300 万元，7 个实验分室全部建成并投入使用，具有良好的实验教学条件和环境。新编制了 41 本实验教学指导书（表 2.6），形成了辅助 41 门课程开设实验课程（表 2.7）、承担 92 个实验项次、能够完成 100 余个实验项目的实验教学体。

表 2.6 部分新编实验教学指导书

能源地质与环境方向	石油地质方向	石油工程方向
能源地质学	石油与天然气地质学	油层物理学
有机地球化学基础	油气田地下地质学	渗流力学
岩石室内研究方法	油藏地球化学	石油工程概论
沉积学基础	油藏描述基础	采油工程
油田化学	石油数学地质	油藏工程
环境化学	地球物理综合解释	钻井与完井工程
油气测试分析技术与应用	油气资源勘查方法与技术	提高采收率原理
盆地分析原理与应用	计算机地质制图等	油气藏动态监测技术
能源矿产经济评价	油气田开发地质学	油层保护技术
		油藏数值模拟
		天然气开发工程

表 2.7 能源实验中心开设课程情况统计（2005 年 10 月）

实验室	分室	开设课程门数		实验项目总数		综合、设计性实验课程占总实验课程百分比/%		实验开出率/%	
		分室	实验室	分室	实验室	分室/%	实验室/%	分室/%	实验室/%
能源信息工程	能源专业基础展示	9	22	20	52	89	95	100	100
	能源信息分析	1		2		100		100	
	数值模拟	12		30		100		100	
能源地质工程	有机地球化学	7	11	11	24	100	100	100	100
	沉积岩石学	4		13		100		100	
石油工程	油气开发	6	8	9	16	50	37.5	100	100
	油层物理	2		7		0		100	
合计		41		92		87.80		100	

2）运行机制和秩序得到有效协调：实验室的人员队伍基本稳定（图 2.19；表 2.8），规章制度初步建立，尝试性地步入了辅助教学的正规化发展道路，新的实验课程不断开设，初步达到了预期的建设任务和目标。

图 2.19　实验室主要工作人员合影（2005）

表 2.8　实验室主要工作人员（2005）

姓名	职责范围
张金川	主要负责各实验室的协调运行工作
王宏语	主要负责能源信息分析实验室管理和实验工作
侯晓春	主要负责油层物理实验实验室管理与实验工作
郭建平	主要负责油气开发实验室管理和实验工作，能源实验中心网络管理工作
王建平	主要负责能源专业基础展示室、数值模拟实验室的管理及实验工作，负责能源实验中心数据资料管理工作
李哲淳	主要负责有机地球化学实验室管理和实验工作及能源实验中心设备维护及安全工作
廖泳萍	主要负责沉积岩石学实验室管理和实验工作

3）实验室建设效益逐渐体现：7 个实验室全部建成并投入使用，有力地配合了理论教学工作。同时，实验室实现了对外开放，先后承接了学校海洋、材料等学院的部分教学实验和学生课外科技活动等任务。此外，先后有同济大学、河北建筑经济学院、石油大学（北京、华东）、燕山大学、延安大学等多家单位专家到实验室进行参观考察（图 2.20），先后接待了多次离退休教师及学生参观。

4）顺利通过教学评估：通过实验室建设，顺利地完成了教学评估建设任务。在教学评估和实验室建设过程中，锻炼了实验室队伍，集中体现了能源学院的凝聚力。

尽管实验室建设尚有明显不足，但至 2005 年时基本上形成了能源实验中心框架，能够维持实验室的基本运行，满足能源地质教学实验的最基本要求，配合能源地质教学体系顺利通过了教学评估。通过该时期的建设，实验室突出了中国地质大学（北京）的传统地学优势和能源地质特色，建成了资源勘查工程专业教学实验室，形成了特色明显的能源

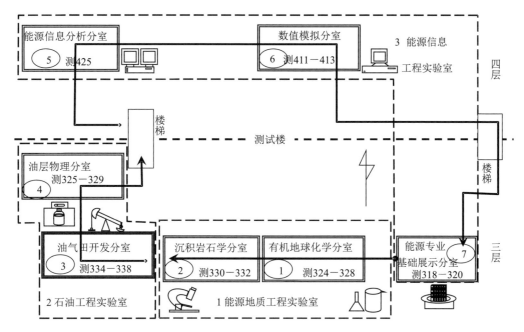

图 2.20　能源实验中心参观平面路线图（2005）

地学优势教学实验室。

2004—2005 年间的实验室建设，使实验课达到了年 300 多学时，为能源学院两大专业三大方向（图 2.21）的教学及科研服务提供了基础支撑，出色地完成了辅助教学的实验室建设任务。2005 年本科教学评估期间，实验室获得了评估专家的高度评价。

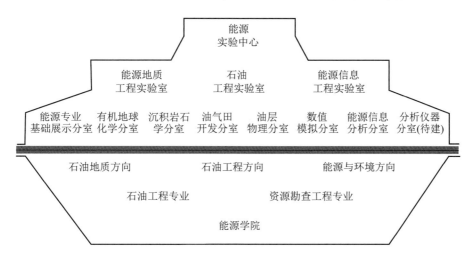

图 2.21　能源学院实验室布局与专业配置航母结构图（2005）

2005 年底，能源专业基础展示、油层物理等 7 个实验室初步建成或重建完成，实验室面貌焕然一新，实验功能大为提高（附录 4）。实验室建设跃升明显，效果显著，进入了学校重点实验室行列。同年上报学校备案，正式成立了能源实验中心。樊太亮院长提出了"科研成果进课堂、科研参与促成长、科研经费助教学、科研协作搭桥梁"口号，进一步突出了教学与科研方向之间的协调关系，凸显了能源学院办学特点，衬托了实验室建设特色。

2.2.3.2.4　实验室建设中存在的问题

虽然能源学院的实验室建设初见成效，但是在实验室建设方面仍然存在诸多问题。

1）实验室空间不足：虽然实验室面积达到了一定规模，但在功能上尚存缺陷。一是没有仪器间，精密的电子天平等仪器只能与其他一些杂乱物品一起堆放，不利于仪器的正常使用；二是化学危险品存放空间，沉积岩石学分实验室面积太小，一些旧的显微镜尚可继续使用，但按照实验室现状，它们无处放置；三是实验室缺乏调度管理室，实验室工作人员零乱分配，不利于正常的安排调度。

2）实验设备不足：能源学院实验室以完成教学任务为主要目的，但由于能源学院的专业构成较为宽泛，前期的实验室建设仅能满足最基本的框架，并在公共基础实验方面投入较多，因此，就具体的专业来说，实验设备仍然显得非常匮乏。

3）实验人员不足：实验室工作人员配置为实验室主任 1 名、专职人员 2 名、兼职人员 3 名、退休返聘人员 1 名，而基本能够满足并且正在运行的教学实验室数量为 8 个。其中，兼职和退休返聘人员各负责 1 个实验室，而使用频率较高的 3 个实验室由 2 名专职人员负责，从管理及维护正常运行角度看，实验室尚需实验人员 1 名。

4）实验室管理有待进一步完善：虽然实验室圆满完成了配合教学评估的建设工作，但实验室建设及发展工作才刚刚开始。随着实验室建设阶段的改变以及主要任务的转移，适应新条件下的实验室运行机制仍需要摸索，与实验室相关的量化规章和制度也需要重新调整。

2.2.3.3　2006 年实验室建设

能源学院的每一个同志都十分关心实验室的建设和发展，许多教师都提出了很好的发展建议，为实验室的建设力尽所能；同时，学校及设备处等相关处室的有关领导也非常关心能源实验室的建设，已退休教师也表现出了高度的热情。在大家的共同努力下，实验室建设取得了良好效果。实际上，能源学院实验室已经成为能源学院的一个重要窗口，成为凝聚大家的一个有力节点。

经过 2004 年和 2005 两年建设，能源学院实验室已初步形成规模，实验仪器/设备得到了逐渐完善，实验环境和实验条件得到了大面积改观，实验室在本科教学中的作用明显提高，广大任课教师、学生及其他人员普遍反映良好，多次接待兄弟院校领导和专家的观摩，得到了高度评价。

2006 年实验室紧密围绕进一步完善的目标进行合理化建设，重点解决反映普遍、强烈的基础性问题，保障课程设计的实验项目顺利完成。同时，进一步满足课程教学提高与发展的要求，满足学生动手能力提高的愿望，使实验室配置及资源利用进一步合理化。

2.2.3.3.1　实验室建设基本任务

尽管解决了一系列问题，但实验室的建设仍然存在一定问题，2006 年的建设基本任务仍然是夯实基础。

1）硬件建设：由于实验室设施仍不能很好地满足正常教学需要，因此仍然需要进行硬件投入和建设，如气相色谱仪（尤其是具有代表性的大中型仪器）、实体显微镜、表面张力仪以及相应的实验台具等，使实验室在功能上更加完善并进一步配套，进一步扩大实验功能。

2）管理建设：在完成初步建设的前提下，实验室运行机制和管理模式发生了变化，相应的运转机制及管理模式也必须同步变化，适应新条件的管理机制需要更新。2006年是实验室全面接受实际检验的一年，保持良好、规范化的运行特色仍是重要的工作任务。

3）重点发展目标：在完成实验室基本任务——教学服务的前提下，加大实验室的软件建设力度。在完成教学实验基础上，侧重教育部重点实验室建设工作，并以此为发展重点，促进能源学院实验室进一步完善化发展。

2.2.3.3.2 实验室建设具体内容

1）已建实验室硬件的合理化配套：由于时间仓促、经验不足，个别实验室还存在已有设备的不完全配套问题，比如新建的基地班计算机房就缺少1台服务器，给正常的实验教学带来了一定的困难；在其他实验室，同样的问题也是存在的，譬如实验台具改造等。

2）由于综合性、设计性实验的大量开出，许多实验项目的消耗性材料需要配套解决；同时，一些基础性实验项目也需要提高质量，需要相应的资金配套。

3）培养学生动手能力和综合分析问题能力的基础性实验项目仍然需要重点解决。譬如气相色谱仪问题，有机地球化学、现代仪器分析等几门课程都涉及，但目前的实验处理方法是带领学生到校外参观，涉及不到动手的问题。

4）由于实验技术发展很快，原有的一些实验项目需要补充或更新，一些新的实验材料及实验仪器需要配套更新，比如微观驱替中的刻蚀玻璃、岩心夹片等，在现有的实验条件基础上稍加改造即可实现。

5）一些特色性、代表性、动手性、前缘性成熟实验项目，动用资金少、实验效果好、建设效果明显，也急需安排建设，比如物理模拟技术，它的建成可以将许多地质过程由抽象化转变为具体化，同时还能与数值模拟进行配套。

2.2.3.3.3 实验室建设成效

通过校、院、教研室主管领导及能源学院广大教职工尤其是实验室工作人员的共同努力，能源学院实验室又走过了安全、稳定、祥和并不断发展和完善的一年。在2006年，虽然没有大的建设任务，但人员素质得到了锻炼、工作能力得到了提高，工作效率得到了改进，为逐步驶向正规化的教学实验室建设道路探讨了经验、积累了素材，圆满地完成了2006年设计的工作规划和任务。

1）人员素质得到了进一步提高。实验室在继续维持正常的教学和对外开放服务工作前提下，充分挖掘每一个教职工的潜在素质，发挥每一个工作人员的管理才能，各实验室管理和运行井井有条，既保持窗明几净，又最大限度地发挥了实验室的作用，做到了安全无事故运行、稳定保持求生存、内外服务求发展、安定团结顾大局的发展规划和目标。

2）实验室建设进一步得到了发展，以教学为主的对内、对外服务能力进一步得到了提高。2006年，进一步完善了以往教学实验室建设中的不足，新补充了实验教学相关的VCD片盘100张，完善了计算机-工作站-投影-野外等教学实验装备和条件，改善了实验教学环境。除此之外，使用有限的经费重点购置了高精度黏度计（美制）1台、偏-反-透-荧光-数字图像显微镜（日产尼康）1台和气相色谱仪（美制安捷伦）1台，为实验室教学条件的改善和科研能力的提高创造了条件。

3）在教学辅助方面，顺利完成各理论课程的课堂实验（实践）辅助教学任务。按2004年教学评估统计结果，共辅助完成了41门课程的92个实验项目；完成了学校（本科生）大型仪器使用基金项目，入选并实施的3个本科生项目全部被评为优秀毕业论文，全部圆满完成并获得良好以上评价，经过学校评审和验收，获得了一优二良的佳绩，并由此获得了集体优秀奖；在学工组和其他教师的协助下，顺利开始实施了能源学院学生创新基金活动，各实验室为活动的开展提供了完善的服务。

4）协助"沉积盆地能源地质"重点实验室完成了一系列前期基础准备工作。由于工作需要，实验室建设发生了一系列重要变化和工作内容调整，最为重要的是2006年10月"沉积盆地能源地质实验室"正式从原实验室建设方案中分离出来，完成的相关工作主要包括发展构想和初步规划、申请报告初稿的编写、（国家）重点实验室考察（中国地质大学（武汉）、成都理工大学、西北大学、中国石油大学（北京、华东）等院校已审批的重点实验室）、会议准备及组织实施、仪器调研—论证—申报计划等。

5）在对外开放服务方面，免费向本院本科毕业生开放计算机房3个月（2004年、2005年、2006年始终如一）。除此之外，还配合本科生创新基金活动，把所有的实验室均向本科生开放；向研究生开放5个项目（显微镜、抽提、大气颗粒采样、液相色谱、工作站等），向教师开放4个基本项目（工作站、大型扫描、彩色打印、显微镜等），向材料学院学生开放实验项目1个（混合物黏度测量），取得了良好的社会效益。

6）着眼大局、甘愿奉献。实验室主力工作人员在完成本职工作前提下，还完成一些实务性日常工作，包括卫生打扫（测试楼232院长办公室、217会议室、340资料室、422教室、225教室、2~4层走廊和橱窗等）、日常事务性管理、辅佐大型会议召开等。

在2005—2006年间，实验室开始了"硬件支撑、软件捆绑、软硬并重"的系统性综合实验教学中心建设，奠定了能源实验中心发展的历史基础。侧重围绕有机地球化学、沉积储层、油层物理、油气田开发及能源信息的模拟处理等实验室开展深化、精细化建设，夯实对基础课程的实验室保障，精耕已有实验项目，充分挖掘各实验仪器和设备的最大效能。为了最大限度地使用实验室资源，采用了1台仪器多处使用、独台仪器深度挖掘、演示实验与动手实验结合使用、不同仪器交叉摆布、多台仪器联合互动等多种手段，尽可能最大限度地利用已有资源最好地服务于本科教学。

截至2006年年底，能源实验中心一直锁定教学目标，仪器设备以教学服务为主，主要包括计算机40台、莱卡显微镜20台、油层物理测试仪器16台（孔隙度、渗透率、比表面、碳酸盐含量仪各4台）、Sun工作站4台、高温高压渗流测定仪3台、石油工程模型4套（石油井架及采油树模型各1套、抽油机模型2套）、平板渗流仪和流相演示仪各1套、滚筒扫描仪1台、A_0彩色打印机1台等，鲜有大型仪器和设备。实验室实现了全面的预约开放，部分对校外开放，先后多次接待兄弟院校、离退休教师及校内外师生的参观。

2.2.3.4　2007年实验室建设

2.2.3.4.1　存在的基本问题

由于学生基本能力和素质培养的教学要求不断提高，原有的实验室基础设施承担着越来越大的压力，基地班建设已进入关键时期，加之教学内容的重大调整和学生数量不断增加，个别实验分室的承受能力已超出原来的设计水平，仪器设备不配套、台套总数不足以及实验消耗材料缺乏等矛盾日渐突出，仍然需要进一步改造和完善。虽然能源学院实验室在2006年平和顺利地完成了由建设时期向维持、维护时期的重要历史转变，但在长期规划和发展方面还存在一系列问题，也包括现实运行中的具体问题。

1）实验室空间不足：实验室虽然在功能上达到了完善的目的，但在功能的结构和空间配套上仍然存在遗留问题，特别是没有独立的危险化学品存放空间，也没有专门的精密仪器间，更没有工作调度间。

2）实验室工作人员不足：这一直是一个值得再考虑的问题。

3）实验设备不足：建议引进一些易于操作、观察分析性强、原理研究性强的经济实用性仪器，并由此开展一些明显针对各类学生的实验项目。

4）经费不足：学校每年下拨使用 5000 元运行费，实际上根本无法满足实验室正常运行的基本需要。

2.2.3.4.2　建设基本目标

1）继续保持安全运行、安定团结，保持教学评估建设以来的实验室重新建设成果，并在此基础上不断提高档次和质量。

2）网络教学平台建设：按照学校有关规定和要求，能源学院需要建成一个以基地班建设为龙头、以本科生教学为目的、以研究生培养为辅助的网络教学建设平台，主要包括主题课件上网、主干素材共享、基本信息连通等。该项建设任务在 2006 年已经开了一个好头，配置了大量的教学相关的 VCD 盘片，下一步需要在真正意义上完成这一任务和目标。

3）继续开展本科生创新基金项目活动，加大活动力度，提高活动幅度，扩大活动影响，争取本科生发表论文 5 篇。

4）针对实验室运行中存在的不足和未来实验室建设的发展方向，改变实验室运行和管理模式，提高工作效率，促进实验室更大发展，努力使之成为学校的优秀实验室。

2.2.3.4.3　实验室建设成效

2007 年 12 月，教育部批准了"海相储层演化与油气富集机理教育部重点实验室"建设工作，带动了能源实验中心的进一步发展。随着本科教学评估结束，按照完整体系设计的实验室建设继续进行。根据实验室发展整体规划，能源实验中心着重以有机地球化学和储层物性为突破口，选型引进了数台大中型仪器，主要包括 Agilent 6890N 气相色谱仪、气相色谱质谱仪、离子色谱仪、气相色谱三重四极串联质谱联用仪以及尼康 LV100 透反偏光显微镜等，能源实验中心的科研实验与服务综合能力开始稳步向好提升（附录 5）。

在 2004—2007 年间，实验室建设经费累计投入为 335 万元。其中，改善实验室教学条件建设投入 240 万元，2014 年、2015 年、2016 年及 2017 年分别投入 150 万元、50 万元、25 万元及 15 万元；211 工程建设投入 60 万元；重点实验室建设经费 35 万元，2016 年和 2017 年分别为 20 万元和 15 万元。这些经费的投入使能源实验中心建设改变了"一小、二旧、三空、四缺、五可怜"状况，实验室面貌大为改观，顺利通过了教育部本科教学评估（附录 6）。

2.2.4　扩大规模

2008 年，能源实验中心决定并开始从测试楼整体搬迁至科研楼，为了避免造成不必要的损失，对搬迁进行了周密安排和部署。完好无损地搬迁成功，为能源实验中心的进一步发展创造了更好的空间条件，为进一步的规划建设奠定好了坚实基础。

2.2.4.1　总体功能布局

根据能源实验室特点并结合建设需要，将科研楼第六层东半部和第七层做如下功能区划（图 2.22；表 2.9）：

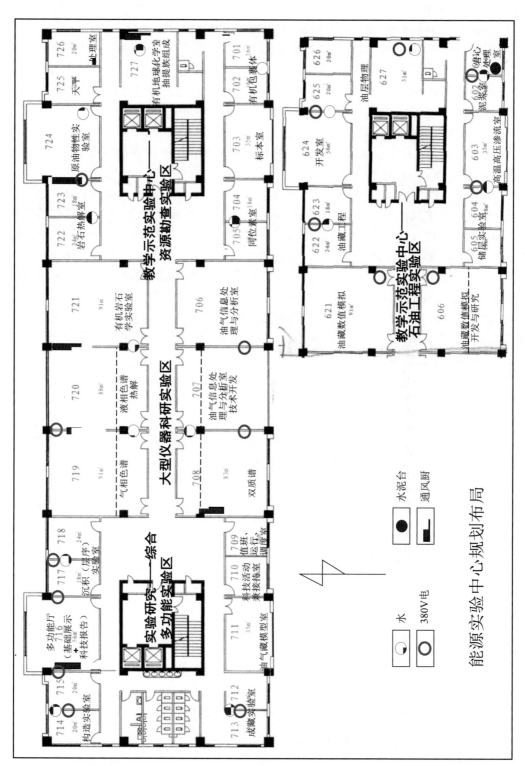

图 2.22 能源实验中心新区部署规划图（2008）

能源实验中心规划布局

水

380V电

水泥台

通风厨

726 小理室 20㎡
725 天平室
724 原油物性实验室
723 岩石热解室 18㎡
722 岩石热解室 24㎡
721 有机岩石学实验室 91㎡
720 液相色谱 热解 88㎡
719 气相色谱 91㎡
718 实验室（层序）24㎡
717 沉积 实验室 18㎡
716 多功能厅（基础展示 + 科技报告）56㎡
715 构造实验室 20㎡
714 构造实验室 20㎡

727 有机地球化学室 抽提族组成
702 有机包裹体 6㎡
701
703 标本室 35㎡
704 萃取室 8㎡
705 同位素室
706 油气信息处理与分析室
707 油气信息处理与分析室 技术开发
708 双质谱 83㎡
709 值班、运行调度室
710 科技活动 兼接待室
711 油气藏模型室 35㎡
712 成藏实验室
713 成藏模拟室

教学示范实验中心
资源勘查实验区

大型仪器科研实验区

实验研究——综合
多功能实验区

626 油层物理 20㎡
625 20㎡
624 开发室 56㎡
623 油藏工程 18㎡
622 油藏工程 24㎡
621 油藏数值模拟 91㎡

627 51㎡
602 泥浆工艺室 岩心 地质室
603 高温高压渗流室 35㎡
604 实验室 8㎡
605 储集室
606 油藏数值模拟 开发与研究

教学示范实验中心
石油工程实验区

52

表 2.9　中国地质大学（北京）能源实验中心规划方案（2008）

实验室		实验分室		
中文	英文	中文	房号	英文
石油工程 实验室	Petroleum Engineering Laboratory	岩样制备室	601/722	Core Preparation
		泥浆室	602	Mud Physics
		地质模型室	603	Geological Model
能源信息 工程实验室	Energy Information Laboratory	数值模拟室	604	Numerical Modeling
		数值模拟室	605	Numerical Modeling
		数值模拟室	606	Numerical Modeling
		数值模拟室	621	Numerical Modeling
石油工程 实验室	Petroleum Engineering Laboratory	流体分析室	622	Flow Analysis
		渗流室	623	Filtering Flow
		开发室	624	Reservoir Development
		油层物理室	625	Reservoir Physics
		油层物理室	626	Reservoir Physics
		油层物理室	627	Reservoir Physics
能源地质 工程实验室	Energy Geological Engineering Laboratory	环境化学室	701	Environmental Chemistry
		仪器室	702	Instrument Room
		样品陈列室	703	Sample Room
		构造物理模拟室	704	Configuration Simulation
		资料室	705	Information Room
		能源信息处理室	706	Information Transaction
		油藏描述室	707	Reservoir Description
		色谱分析室	708	Chromatographic Analysis
		流体分析室	720	Fluid Analysis
		储层分析室	720	Reservoir Analysis
		显微分析室	721	Microscope Room
		扫描电镜室	713	Electron Scan Microscope
		显微分析室	710/709	Microscope Room
		原油物性分析室	724	Crude Oil Physics
		天平室	725	Balance Room
		样品预处理室	726	Preparation Room
		有机地球化学室	727	Organic Geochemistry
其他		主任室	709	Director Room
		专家室	710	Expert Room
		学术厅	716	Conference Hall

1）第六层东段：主体功能规划为石油工程实验区（北京市教学合格实验室），主体属于教学示范实验中心范畴。

2）第七层东段：主体功能规划为资源勘查实验区，主体属于教学示范实验中心范畴。

3）第七层中段：主体功能规划为大型科研仪器集中分布区，主体属于教育部海相储

53

层演化与油气富集机理重点实验室。在第七层东、中段之间，存在自然过渡衔接功能区。

4）第七层西段：主体功能规划为综合实验及研究区，兼有综合性实验科研活动、实验研究及综合功能。

2.2.4.2 实验室改造设计

（1）水路布局（包括上、下水路）

此时的能源实验中心具有两个基本特点，一是实验研究内容以地下流体（油、气、水）为主，实验室要求以上、下水为基本特点；二是实验研究内容以有机地球化学（包括排出部分可能引起人体不适的轻微有毒气体）为特点。因此，新的实验室搬迁需要进行特殊改造。由于实验室迁址及规模扩大，需要相应的实验环境和条件改造，主要包括水路改造、电路改造、通风改造、水泥台、房屋改造等。

1）石油工程实验区：包括储层实验室（604 室）、高温高压渗流实验室（603 室）、泥浆室（602 室）、岩心处理室（601 室）、油层物理实验室（625 室—627 室）、油气开发室（624 室）、油气藏工程室（622 室—623 室）。

2）资源勘查实验区：包括有机包裹体实验室（701 室—702 室）、同位素室（704 室—705 室）、有机地球化学实验室（726 室—727 室）、原油物性实验室（724 室）、岩石热解实验室（722 室—723 室）、有机岩石学实验室（721 室）。

3）大型仪器实验区：包括油气信息处理与分析实验室（707 室）、双质谱实验室（708 室）、气相色谱室（719 室）、液相色谱室（720 室）。

4）综合功能区：包括成藏实验室（712 室—713 室）、构造实验室（714 室—715 室）、多功能厅（716 室）、沉积实验室（717 室—718 室）。

（2）电路布局

主要是指 380V 电插，用于大型、特殊型用电设备的供电线路，主要包括：

1）石油工程实验区：包括岩心处理室（601 室）、泥浆室（602 室）、高温高压渗流室（603 室）、储层实验室（604 室）、油藏数值模拟室（606 室和 621 室）、油藏工程室（622 室—623 室）、开发室（624 室）、油层物理室（625 室—627 室）。

2）资源勘查实验区：包括有机岩石学实验室（721 室）、岩石热解实验室（722 室—723 室）、原油物性实验室（724 室）、实验预处理室（725 室—726 室）。

3）大型仪器实验区：包括油气信息处理与分析实验室（706 室—707 室）、双质谱实验室（708 室）、气相色谱室（719 室）、液相色谱室（720 室）。

4）综合功能区：包括成藏实验室（712 室—713 室）、构造实验室（714 室—715 室）、沉积实验室（717 室—718 室）。

（3）通风橱

主要涉及有机地球化学实验室：包括有机地球化学实验室（727 室）、预处理室（726 室）、热解室（723 室）、双质谱实验室（708 室）、气相色谱室（719 室）、液相色谱室（720 室）。

（4）水泥台

岩心处理室（601 室）需要带槽水泥实验台。

2009 年，搬迁后的能源实验中心面貌焕然一新（图 2.23，图 2.24），现代化元素大量充注实验室（图 2.25）。

图 2.23　实验室顺利搬迁

图 2.24　部分参加实验室搬迁义务劳动的师生合影

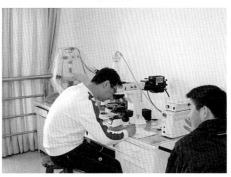

图 2.25　充满了现代化元素的能源实验中心（2009）

2007 年，能源实验中心从教育部争取到 420 万元实验条件改善经费，2008 年招标采购了一批教学实验急需、含金量较高、强化现代化创新性实验建设的仪器设备，主要包括 Dell 工作站及其配套设施 50 台、尼康显微镜 20 台、渗流模拟仪 10 套、岩石物性联测仪 4 套（补充更新孔隙度、渗透率、比表面、碳酸盐含量仪）、油气水渗流联测仪 3 台、石油构造模拟实验（含圈闭模型）装置 1 套、热解分析仪 1 台、显微光度计和冷热台 1 套等，极大地改善了能源实验中心的实验条件和实验环境。特别是，20 台尼康显微镜的购置及时补充了沉积岩石学实验室的教学需要，使实验室的显微镜达到了 40 台目标，能够满足一次性整班上课需求。50 台 Dell 工作站的购置，一举将原来的工作站机房建成了具有规模概念的能源信息分析室，被当时的哈里伯顿公司专家评价为亚洲地区最大的高校工作站机群，为后续的蓝马额原件赠送打下了坚实基础。其他仪器设备的购入，也极大地改善或改变了实验条件，在很大程度上丰富了教学实验内容。

2008 年，煤储层物性实验室利用国家科技重大专项"煤层气储层精细描述和评价"课题资金，先后购置了原值总价约 700 万元的仪器设备。仪器设备主要包括全自动比表面积及微孔分析仪、全自动压汞仪、全自动工业分析仪、全自动孔渗测定仪、水质分析仪、储层模拟系统及工作站、甲烷等温吸附仪、煤储层物性低场核磁共振分析系统、数字煤岩显微结构图像分析系统等。

2009 年，能源实验中心新引进了一系列仪器，主要包括激光粒度分析仪、扫描电子显微镜、透反射偏光显微镜、透反射荧光偏光显微镜、阴极发光仪、油气稳定同位素比值质谱仪等，形成了能够满足理论教学、实验项数超过 100 项、年可完成超过 2 万学时室内教学工作量的多功能实验中心。至 2009 年底，能源实验中心拥有 24 类 285 件仪器，基本上满足了教学实验要求，一跃成为有高度、有特色、有亮点的"三有"实验室（图 2.26 至图 2.33）。

图 2.26　盆地与构造实验室　　　　　　　　图 2.27　沉积与储层实验室

2009 年 4 月 23 日，经遴选答辩，能源实验中心成为中国地质大学（北京）校级实验教学中心——能源实验教学示范中心（图 2.34）。

同年，能源实验中心进入了北京市地质与资源勘查实验教学示范中心建设平台，能源实验中心定位进一步提升，自此拉开了能源实验中心集约化和网络化建设的序幕。此时期，需要解决的问题是如何处理好科学研究实验与教学实验之间的关系，如何将已有的实验室资源与已有但尚未很好开发利用的实验室资源有效地整合在一起，从而形成兼顾科研

图 2.28　地球化学与成藏实验室

图 2.29　煤层气储层物性实验室

图 2.30　页岩气资源评价实验室

图 2.31　能源信息实验室

图 2.32　油气藏开发机理与数值模拟实验室

图 2.33　非常规油气藏提高采收率实验室

与教学、实现双向共赢的实验室发展、寻求更高层次的实验室综合建设方案和方法。

　　基于能源信息分析实验室的建设和条件改善，尤其是 50 台工作站的就位和开放使用，使能源实验中心的实验能力大幅提升。2009 年，煤储层物性实验室入驻科研楼。

　　在建设期间，能源实验中心不断地将科研成果和科研实验手段转化为实验教学方案和方法，拓展了新的实验教学基地，签订了一系列新的科研与教学兼顾的战略合作意向书及协议书，获得了一系列针对教学的实验室发展资助。

　　从 2009 年开始，经多次协商与沟通（最初为何登发联系，后期主要由毛小平负责完成具体的联系工作，最后由学校决策），学校与美国哈里伯顿公司 2010 年达成赠送兰德马

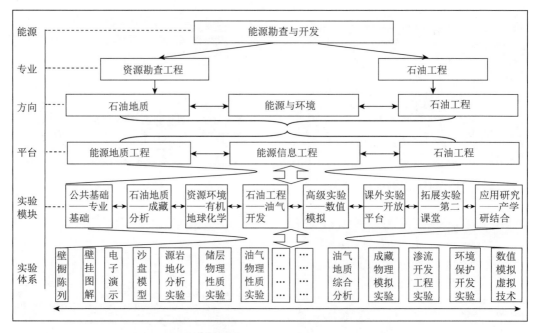

图 2.34　能源实验中心定位与规划（2009）

克（Landmark）软件的协议。哈里伯顿公司捐赠能源实验中心单价 41.5 万美元、合计安装 50 套、原值总计 1.37 亿元人民币的 Landmark 系统软件。但中国地质大学（北京）需提交赠予软件的非商业性目的证明，支付 3 年的管理费用、不同平台支持下嵌套软件的第三方版权及授权等费用 5087.5 美元（图 2.35）。在此基础上，能源实验中心与哈里伯顿公司共建了"Landmark 地学软件油藏研究中心"（图 2.36）。

　　至 2010 年，热解分析仪、岩石物性联测仪、油气水渗流联测仪、石油地质构造模拟实验装置、冷热台、气体同位素分析仪、压汞仪等仪器安装调试完毕并开始进入实验状态。

　　2011 年，中国地质大学（北京）与国土资源部油气资源战略研究中心签署协议，与能源实验中心联合共建页岩气研究基地（图 2.37）。

　　作为重要的教学实验平台之一，能源实验中心实现了网络化教学资源共享和网络化资源合理利用。在此阶段，对实验室实施了必要的网络化管理和运行，实现了野外实验基地、室内实验室及网络化实验室的集约集成，基本建成了各主要功能兼具的系统一体化实验室。

2.2.5　细化耕耘

　　2012 年，能源实验中心进入了地质资源勘查国家级实验教学示范中心建设平台。同时，非常规天然气能源地质评价与开发北京市重点实验室和国土资源部页岩气勘查与评价重点实验室开始同步建设，能源实验中心进入了多元化共建共赢的兼容发展时代。

　　2013 年，由于实验中心实验内容增加、实验室规模扩大，原有的工作人员不再满足实验室正常运行需求，能源实验中心细分为现今的盆地与构造实验室、沉积与储层实验

Landmark Graphics Corporation International Strategic University Alliance Grant Agreement
Agreement No. 2009-UGP-008031

LANDMARK GRAPHICS CORPORATION
INTERNATIONAL STRATEGIC UNIVERSITY ALLIANCE GRANT AGREEMENT

Agreement No. 2009-UGP-008031

By execution of this University Grant Agreement ("the Agreement") dated _____ and as modified by any amendments attached hereto, Landmark Graphics Corporation ("Landmark") grants to:

China University of Geosciences, Beijing
("University")

those applications software listed in Attachment(s) "A" (hereafter "Software"). Furthermore, Landmark and the University hereby agree to abide by all terms and conditions as set forth herein, the Standard University Grant Stipulations set forth in Attachment "B," and any Extended University Grant Stipulations set forth in Attachment "C."

In consideration of the mutual covenants and conditions contained herein, Landmark and the University agree as follows:

1.　　TERM.　Landmark Software licenses shall be granted to the University for a thirty-six (36) month term (hereinafter the "Term"). Six months prior to the completion of the Term, the University shall notify Landmark of its intent to renew or the Agreement shall be terminated. At the time of termination, the University shall remove the Software from University Systems; in which case the University shall offer Landmark proof of destruction of the Software.

2.　　LICENSE GRANT. Landmark grants to the University a nonexclusive, nontransferable license to make educational use of the object version of the Software or portions thereof solely for the University's own non-commercial use during the Term of the Agreement.

　　2.1.　FLOATING LICENSES. Each Landmark Software license is a floating license for a single concurrent user unless otherwise stated in the actual Software license file(s). The Software may be installed on one (1) host computer at the one (1) Site described in Attachment A, and the University may use the Software from any location at such Site. A Site includes any University-owned or leased property located within a one (1) mile radius of the street address listed in Attachment A. All Software licenses granted under this Agreement shall be renewed or otherwise replaced and/or upgraded under terms of this Agreement as set forth in Article 1. Under no circumstances will Landmark grant permanent, non-expiring Software license under this Agreement.

　　2.2.　USE OF SOFTWARE.

　　　　2.2.1. In support of the University's own internal use of the Software, the University may:

　　　　(a)　use the object version of the Software;

图 2.35　兰德马克软件赠予协议（部分）

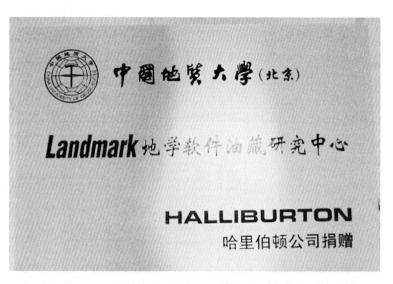

图 2.36　Landmark 地学软件油藏研究中心（2010）

图 2.37　页岩气研究基地（2011）

室、非常规储层（煤层气）评价实验室、非常规资源（页岩气）评价实验室、地球化学与成藏实验室、油气藏开发机理与数值模拟实验室、非常规油气藏提高采收率实验室、能源信息实验室 8 个实验室。采取自愿报名、择优录用原则，聘任了对应的 8 名实验室主任（附录7）。

2014 年重点实验室与中国地质调查局油气资源调查中心签署协议，共建地学研究生联合培养基地。

2014 年，中国地质大学（北京）与华油能源集团签署协议，华油能源集团向中国地质大学（北京）捐赠一批价值人民币 500 万元的石油工程技术工具作为能源实验中心的教学工具，并提供一定数量的资金设立华油奖学金，双方共同建立联合油气藏地质/工程技术研究中心（图2.38）。同年，中国地质大学（北京）承担了北京市科委重大科技成果转化落地培育项目"页岩含油气量测定系统和遇液膨胀封隔器研制"，邀请北京华油油气技术开发有限公司参与。

图 2.38　联合油气藏地质/工程技术研究中心

图 2.39　虚拟仿真实验室

2014年，能源地质与评价虚拟仿真实验教学中心成为中国地质大学（北京）首个获得教育部批准建设的国家级虚拟仿真实验教学中心（图2.39，图2.40），能源实验中心建设又进一步走向新的阶段。借助于网络、虚拟、模拟等现代化软硬件技术手段，完善了自我功能体系，建成了相互补充但独立运行的各实验单元，开始了穿越组合、融会贯通、自助实验、自由穿越的多维递进一体化穿越式实验室建设的新时期。

含气量虚拟分析室

孔隙结构虚拟分析室

储层物理虚拟分析室

同位素虚拟分析室

图 2.40　部分实验室的现实虚拟

以能源地质与评价教学中现实存在的模型化、虚拟再现的程序化、虚实结合的关联化等原型创建为特色，以地质过程再现、富集机理虚拟、工程平台仿真等基础教学为目的，能源实验中心正式开始了能源地质与评价虚拟仿真实验教学中心建设，形成了"仿真地质游""漫步油气藏""鸟瞰虚拟井""翱翔非常规"等一系列原发构想、原创构架及虚拟仿真软件。地质历史定量化、多种矿产关联化、机理过程具体化、抽象形变现实化、地下流体可视化、工程技术现实化、课堂教学虚拟化、教学资源信息化等虚拟化实验教学随之成为实验室建设与发展的重要方向。

至2014年，能源实验中心基本建成了教学与科研紧密结合、科研与教学融通、功能相对齐全完整、内部结构清晰、功能层次分明、联合运行有序、实验中心内部各实验室关联互动的综合性多功能实验中心，形成并基本完善了从野外到室内、再从室内走向现场实际应用的多维一体化实验。

建设过程中，能源实验教学中心多次荣获先进集体荣誉（图2.41）。

图 2.41　能源实验教学中心荣获的"先进集体"荣誉

3　能源地质穿越式实验教学体系构建与实践

3.1　能源地质与开发教学现状与发展趋势

3.1.1　能源地质与开发教学特点与现状

3.1.1.1　能源地质与开发教学特点

能源地质着重培养油、气、煤等领域资源调查、工程实施、开发评价等专业技术人才，要求以能源发现、空间分布、资源预测及开发评价为核心目标，包括构造、沉积、地球化学等多领域内容，需要时间、空间、过程、机理等各方面知识的系统交融与贯通，更需要在明确地质概念基础上，建立清晰的时间和空间概念，形成合理准确的地质逻辑，做出客观的推理判断和预测。能源地质与开发教学涉及内容较多，包括范围较广，主要包括如下特点：

（1）具有以实际地质存在为基础的"野外"属性

需要以实际观察和体会为基础进行地质认知和掌握，以现象和特点为基础进行分析和判断，以逻辑和推理为基础进行预测和评价。对野外不同类型、规模和特点的地质体在不同尺度上进行系统认识，是能源地质与开发的基础。

（2）具有以空间域和时间域为基础的针对性特点

能源地质要求具有具象和抽象的空间和空间转换概念，也要求明晰的地质年代和地质历史逻辑，更要求将各学科知识在时间域和空间域中融会贯通并针对特殊地质问题进行推理和分析，需要将这些要素融入地质实验过程中或通过针对性实验予以求证，需要以时间演进为主线、以空间变化和组合为线索，对地质过程和变化予以求证。

（3）具有以多学科知识背景为基础的综合性特点

能源地质既属于地质学领域，同时又属于能源学范畴，涉及广泛的物理、化学、数学等基础知识，更涉及包括地质、能源及工程在内的许多专业基础内容。能源地质教学实验与能源地质教学体系密切关联，通常包括构造地质、沉积地质、地球化学、能源地质、地球物理、地质工程、地质评价、资源预测等内容，分别需要相关的实验进行综合地质分析。

（4）需要以穿越的手段和方式将各实验和实验内容进行链接

地质变化经历时间久远、空间变化难以捉摸，彼此孤立的现象、实验和分析均将产生盲人摸象的效果。不同学科的交叉、方向的融合、内容的联系等，均需要在时间域和空间域内进行关联、组合及效果分析，用以形成各知识点完整地融汇和系统的整体概念，需要通过穿越的方式将尽可能多的知识内容链接在一起。

3.1.1.2　能源地质领域实验教学现状与存在问题

能源地质教学实验属于能源地质教学体系中不可或缺的重要组成部分，由于各院校专业设置不同，对应的实验教学内容体系千差万别。

通过对国内外地质类、石油类、矿业类及综合类 15 个代表性高等院校能源地质院系（专业）能源地质与开发教学情况的系统调查与研究，不难发现这些相同、相似、相关高校均十分重视学科建设及实验教学工作。它们围绕各自的办学条件、特色和专长，不惜花费重金打造自己的专业特色实验室，为其学科发展起到了不可低估的重要作用。尽管各高校均十分重视教学实验环节，一般均同时开展了野外和室内实验室建设，但各自特点和风格迥然有别。一般表现为如下几个特点：

（1）高度重视野外实习基地建设，但野外基地与室内实验室关联度不够

各相关院校均有设施齐全、特点明显、针对性强的野外实习基地供集中实习，以便对地质现象予以认知，一般也有内容密切相关的生产实习基地以供高年级学生进行高层次的地质认识，但少有观察–观测性野外基地供大学生进一步提高专业认知与学习能力，鲜有特长专业实训基地供兴趣生进行实际生产与实践的模拟训练。尽管国外的大学生野外实习更加规范有序，但也难免有孤立开展、相互阻断之嫌疑。将上述各种野外实验室（基地）彼此密切关联、与室内实验室浑然一体、统一进行大学生递进式特长教学实验的高校就更加凤毛麟角、难觅踪迹了。

（2）高度重视学生动手能力的培养，但现实条件难以满足要求

各相关院校均有不同特色方向和重点目标的实验室和重点实验室，相关实验室敞亮，其中的设备先进、仪器贵重。多数情况下，由于贵重仪器单台数量少而本科生人数众多，这些仪器设备很难直接用于本科生的操作与体验，一般只能用于参观或观摩体会。而能够直接用于本科生动手实验的仪器设备只有一些功能单一、价格低廉、技术含量低、教学效果有限的简单仪器。尽管国外高校以培养学生动手能力为长项，但也难逃大型设备和贵重仪器数量不足而造成的窘迫。

（3）高度重视室内实验室建设，但各实验室之间的关联度不足

各相关院校均有不同层次、不同特色的教学实验室，但对于各专业教学实验室和实验内容，要么是因为数量少而不能覆盖或大部分覆盖专业课程；要么就是分布分散、功能受限，难以直接连通。在国外，实验室建设更加专业化，各种独立进行、分隔实验、缺乏联系的专业实验方法更加普遍。对课程或课堂教学内容形成高度覆盖、能够任意穿插、相互随时联动、随地进行 DIY 自助实验的能源地质专业教学实验室难以找到。

（4）高度重视虚拟仿真实验室建设，但对虚拟仿真实验室集约功能开发不足

虚拟仿真教学实验室因其感受逼真、功能强大、效果明显而受各高校青睐，争相踊跃进行相关建设和论证建设。虚拟仿真实验室是一个系统化程度高、集成程度高、装载知识与释放信息量大，需要高度开放的教学实验体系，具有强大的知识传递与震撼效果，但目前一般均将其视作一种沉浸式感受的形式而非想象与创造的灵感碰撞器，更不是将各种相关实验及实验内容尽可能多地关联在一起的管理总汇，令其实验功能大打折扣。尽管国外部分先进的发达国家技术力量更为强大，但他们的实验室建设更加专注于逼真的细节展现

和震撼的场景效果，而非强大功能的系统开发。

（5）高度重视实验室体系建设，但各相关实验室及实验内容彼此孤立、割裂，难以形成高度综合统一的系统化能源地质知识体系

国内外能源地质类相关教学实验室特色侧重各异，内容体系各有所长，风格体现不尽相同，难以使用统一的尺度来进行把握和考量，但均以实验教学服务于课堂教学、课堂教学高度集约体系化为特点。实验室及实验内容配套比例随意，实验内容随教学特点不同而变化较大，各方向之间的实验方式、方法及内容彼此封隔、相互割裂，难以相互关联、紧密联系，缺乏实验体系和规划，难以形成整体的实验教学效果。

3.1.1.3 实验教学实践过程中的具体问题

能源实验中心面向地质资源和地质工程、油气田开发工程、能源地质工程、煤及煤层气工程等4个专业，支撑石油天然气地质、煤炭与煤层气地质、非常规能源地质、油气地球化学、能源环境地质、应用地球物理、油气田开发技术、钻井工程技术等多个学科方向。各学科分属于不同的能源领域及能源开发的不同阶段，其研究内容跨越了地质历史的不同时期，相对独立，难以贯通。

1）针对能源地质领域，可以细分出构造地质、沉积地质、地球化学、储层物理、成藏机理、油气工程及开发评价等多个实验分室、研究平台或实践实习基地。而各分室、平台、基地分别具有各自不同的教学目的，配备不同的实验仪器，很难在教学中构建成一个完整的实验教学体系。

2）能源地质的发展离不开现代物理、化学、环境、气候以及生物等多学科的支持，所包含的研究内容广泛，横向跨度大、覆盖领域宽，各课程之间的内在联系难以在短时间内关联疏通。能源地质教研内容抽象，相互之间关系复杂，很难贯通成一个体系。

3）能源实验教学体系离不开包括盆地过程与构造解析、地层沉积与储层评价、有机地球化学与应用、油气成藏机理与预测、油气田开发与数值模拟、能源信息分析与评价等多种类型的教学仪器和实验设备，这些设备原理不同，使用方式多样，放置分散，相互之间缺乏有效联系，难以融合成一个整体。

综上所述，迫切需要建设一种全新的实验教学体系，从一个新的视角，有机贯通能源地质各个学科，融合能源地质各个研究平台及仪器，以支撑新的能源地质与开发教学以及学科发展。

3.1.2 能源地质与开发教学体系建设基础条件

3.1.2.1 能源地质与开发教学体系定位与基础

（1）能源地质与开发教学体系定位

能源地质（能源学院）教学定位于以本科生教学为重心，构建本科生教育与硕士、博士研究生培养的多层次立体教育体系。其中，本科生培养包括了资源勘查工程和石油工程2个专业。资源勘查主要解决煤、石油和天然气以及其他新型能源矿产的区域地质调查、地质勘探相关理论与勘探技术等问题；石油工程主要涉及各类能源资源的开采工程技术、工程工艺等。

能源地质与开发教学是课题理论教学的重要支撑，实验及实验体系构架紧密围绕教学

体系，需要在专业结构上对资源勘查和石油工程专业各方向进行全覆盖。

（2）能源地质与开发教学体系构架基础

能源地质教学任务由能源学院承担，能源学院本科生教学包括了资源勘查工程和石油工程2个专业，涉及地质资源和地质工程、新能源地质工程、油藏工程、能源与环境工程等4个方向，需要承担沉积岩石学、构造地质学、石油与天然气地质学、煤与煤层气地质学、非常规能源地质学、有机地球化学、地质-地球物理解释、能源环境地质、应用地球物理、油藏描述与数值模拟、油层物理、油气田开发技术、油藏工程、钻井与完井工程、采油工程、油田化学等42门专业及专业基础课程的相关实验任务。

3.1.2.2 高水平能源地质与开发室建设的有利条件

（1）历史悠久，基础厚实

中国地质大学（北京）是我国首批试办研究生院的33所高校之一，首批进入"211工程"建设行列，目前已经发展成为教育部"985"优势学科创新平台重点建设大学。中国地质大学（北京）率先在国内高校建立了第一个石油地质和煤田地质专业，率先在国际上提出了陆相生油理论。20世纪80—90年代，在煤变质与煤层气、层序地层、沉积成岩、石油构造、盆地分析、地球化学、有机岩石、油气运移、开发地质等诸多领域中引领风骚。21世纪以来，在有机地球化学、盆地构造、沉积储层、环境化学、非常规储层、资源评价、石油工程、油气田开发以及页岩气、煤层气等非常规油气地质与开发领域风生水起。现今的能源地质与评价虚拟仿真实验教学中心强调学术研究、生产实践与人才培养协调发展，强化能源勘探、开发和利用一体化，围绕国家能源重大需求高标准培养我国能源勘探与开发领域高级人才。

（2）学科强势，支撑有力

依托"地质资源与地质工程"国家重点学科和"油气田开发工程"北京市重点学科，在"教育部优势学科平台建设""石油工程国家特色专业""资源勘查工程国家人才培养模式创新实验区""北京市校外人才培养基地"等建设项目支持下，能源实验中心现能够支撑地质学、地质资源与地质工程、石油与天然气工程3个国家一级重点学科，拥有矿物学、岩石学、矿床学、地球化学、古生物学与地层学、构造地质学、矿产普查与勘探（资源勘查工程、新能源地质与工程）、地球探测与信息技术、地质工程、石油工程（油气井工程、油气田开发工程）等10个国家二级重点学科。

中国地质大学（北京）能源学院人才辈出、学科强势。石油工程为首批国家级特色专业（2007年）、获批进入"国家级卓越工程计划"（2011年）和"国家级专业综合改革"（2011年），资源勘查工程获批国家创新人才培养实验区（2007年），新能源地质与工程获批国家级特色专业（2009年），矿产普查与勘探、油气田开发工程分别位居全国第一和第三。重点支持6个硕士学科点、4个博士点和3个博士后流动站。这些强势学科群理工相通、科技相融、优势互补，为能源地质与评价实验教学示范中心建设和发展提供了强有力的学科支撑。

（3）因势利导，精心打造

中国地质大学（北京）学术氛围轻松自由，学术观点争鸣齐放，教学风格自由奔放，长期积淀形成的文化内蕴催生了多样化教学方法和手段的并存。特别是，在长期科研过程中自然形成的物理仿真实验、逻辑虚拟求证以及数值模拟运算等优秀方法和良好习惯，伴随着"科研成果进课堂"而成为专业课程教学的基本方法。因势利导、自然优化、求同发展，已经成为能源地质与评价虚拟仿真实验教学中心强化建设并顺势发展的一致要求和愿望。教授讲授本科生课程比例为98%，中国地质大学（北京）一流的师资和精心的培育，势必打造出一个更有特色、有活性、有竞争力的新能源实验中心。

（4）科研助推，高速发展

近年来，能源实验中心所依托的主要专业院系各类科研项目年总经费稳定在1.2亿元左右，专业教师利用科研项目直接支持实验室软硬件建设和大学生科技创新活动，取得了显著效果。形成了"科研成果进课堂、科研参与促成长、科研经费助教学、科研协作搭桥梁"的科研与教学互补关系，直接推进了能源地质与评价虚拟仿真实验教学中心建设的高速发展。

（5）借力"重点"，"虚实"配套

依托中国地质大学（北京）地质过程与矿产资源国家重点实验室、海相储层演化与油气富集机理教育部重点实验室、页岩气资源战略评价国土资源部重点实验室、非常规天然气能源地质评价与开发工程北京市重点实验室、国家煤层气工程中心储层实验室建设，充分利用其硬件设施和相关资源，补充完善虚拟资源建设。到目前为止，能源实验中心在硬件建设方面积淀了殷实基础，拥有完善齐备的科研与教学各类仪器设备和硬件资源，能够完成多种地质现实和物理模拟实验，形成了教学实验的软硬件系统配套，为虚拟仿真实验提供了对应的物质支持和原型仪器配套。

3.1.2.3 高水平能源地质与开发实验室建设要求

纵观国内外相关高校在能源地质领域中的实验教学可以发现，能源地质与开发教学及实验室建设具有鲜明的学科特点，给实验教学带来了巨大的困难和挑战。

（1）需要充分考虑地质过程特点

基于能源地质目标，以地球为对象开展相关实验教学，所面临的最大问题就是空间巨大、时间久远，这是人类不可能亲身经历并逾越的障碍。其研究对象，或为深部地壳深不可测，或为分子结构无从下手，过程计时或为亿年或为毫秒。特别是，过程"不可逆"、时间"不可溯"、规模"不可测"等地质特点的约束，为能源地质与开发设置了天然屏障，各地质事件之间的时空关联难以直观建立。

（2）需要支撑的课程多且需要将彼此关联

能源地质教学及课堂实验内容涉及2个专业4个方向42门专业课程，涉及实验学科跨度大、实验内容相关性差，难以在庞杂的实验内容中找到相互之间的直接关联性。

（3）需要接轨教学特色拓展功能，在有限的空间内增加实验数量、提升实验质量和总容量

中国地质大学（北京）办公室和实验室空间狭窄，条件有限，但能源地质学科发展的传统优势显著，教学特色明确，在此背景下进行实验室及实验项目的扩容增量，无疑是一个比较困难、难以实现的目标。

总之，历史跨度大且不可逆、地下空间广而不可及这一地质特殊性决定了能源地质教学实验室建设思路不能脱离地质特点，实验室空间小且建设经费有限这一客观条件又使得教学实验室建设必须富有特色。

3.1.3 能源地质与开发教学体系发展趋势

3.1.3.1 能源地质与开发教学体系发展趋势

依据对国内外代表性高等院校能源地质类各实验室发展历史与状况的调研，结合现代实验条件的技术发展分析，能源地质类实验教学体系的发展大致出现以下趋势：

（1）发展个性化

各高校办学条件和特色不同，发展方向和重点千差万别，与其对应的教学实验室也就因此彼此差异。各教学实验室均以其个性化特色而独立存在，特别是在实验室建设初期，无不从自身的特殊需要出发，强调其实验功能和方向领域等方面的自身特殊性。教学实验室自身特色的产生、保持和发扬光大，是各实验室生存发展和不断坚持的目标。

（2）专业精细化

对于个性特色的不断强化和深化，带来的适应性结果之一就是专业深度不断加大，实验方案和效果逐渐细化，在其传统的特长领域日渐形成强化、细化和品牌化。专业精细化是目前国内外各主要实验室发展的主流方向和普遍做法，尤其是国外高校更是以此为长。

（3）集约网络化

随着实验技术的发展水平越来越高，实验室的体量、容量和实验项目的数量也在不断增加，特别是在网络化技术的推广和应用背景下，各代表性教学实验室均把内部资源的不断梳理、整一及整合作为重要的工作内容，随时将已有的实验资源进行集约化整合并借助网络化手段实施，通过资源的统一调配、统一管理，实现最优化使用效果，借以产生更大的资源优势和实验效果。集约网络化目前已成为教学实验室发展的基本手段和重要的发展方向。

（4）多元兼容化

处于现代的多元发展和多技术手段条件下，许多教学实验室已不再是孤立存在、独自发展，多种先进技术手段的引入、多种实验方法的借鉴、多种实验内容的交叉，均为实验室在多元化时代的兼容性发展提供了条件和可能。特别是学科交叉、相互借鉴、思路交融等，在实质上已经使各代表性教学实验室走进了多元化兼容时代。实验室包含内容广泛、科研与教学捆绑、内部结构清晰、层次分明、与相关相邻实验室关联互动等，是这一发展趋势的主要体现。

（5）系统一体化

对于国内外著名的相关教学实验室，如犹他大学、昆士兰大学、亚琛工业大学等，系统性的一体化发展更是代表了一种未来发展方向和趋势，它们普遍具有体量较大、结构完整、兼容性强等明显特征，科教融合、自成体系、融会贯通、多元开放、自助实验、容量自增是其普遍特点。

3.1.3.2 能源地质与开发教学体系建设发展目标规划

（1）实验室建设 10 年发展规划

2004 年，中国地质大学（北京）开始筹划重点实验室——能源实验中心建设，对应制定了 10 年发展规划。

1）2004—2005 年特色个性化教学实验室建设。以已有的石油工程实验室为基础，进一步突出中国地质大学（北京）的传统地学优势和能源地质特色，建设资源勘查工程专业教学实验室，形成特色明显的地学优势教学实验室。

2）2006—2008 年专业精细化教学实验室建设。在完成必要的实验内容和功能拓展基础上，有计划地系统开展精细化教学实验室建设，以油气田地质和开发工程实验室建设为重点，细化实验教学方案，拓展实验功能，带动其他方向实验室完成精细化实验室建设工作。

3）2009—2011 年集约网络化教学实验室建设。对实验室实施必要的网络化管理，满足网络运行、网上预约、网络化实验、网络化管理等要求，实现野外实验基地、室内实验室建设及网络化实验室的集约化功能，逐步建成主要功能具备的一体化实验室。

4）2012—2014 年多元兼容化教学实验室建设。争取建成功能完整、结构清晰、层次分明、运行有序、科研与教学融通、与相关相邻实验室关联互动的综合性教学实验中心，建立并完善从野外到室内、再从室内走向现场实际应用的多维一体化实验中心。

（2）近期内实验室建设目标和方向

10 年实验室建设规划目标圆满完成后，在此基础上制定了新的教学实验室工作方案。

1）争取在 2015—2020 年间开展系统一体化教学实验室建设，借助网络、虚拟、模拟等现代化软硬件技术手段，完善自我功能体系，建成相互补充但独立运行的各实验单元，建成自成体系、穿越组合、融会贯通、容量倍增、自助实验、预约服务、灵活开放、自由穿越的多维递进一体化穿越式实验室。

2）2021—2025 年，积极开展国际直通化教学实验室建设，即以理论教学体系为基础，挖掘实验室内部能量，争取实现各实验单元的积木式组合，实现国际交流直通化目标。

3.1.4 穿越式实验教学体系构建思路

3.1.4.1 实验体系及实验室建设的多维属性

能源实验中心建设的多维属性（多维递进一体化穿越式实验教学体系）主要体现在 5 个基本方面。

1）面对的课程门类多：主要包括构造类、沉积岩石类、地球化学类、地球物理类、能源地质类、油层物理类、石油工程类、油气田开发地质类等实验，共涉及 42 门课程。

2）实验的方法手段多：主要包括课堂类、实验室类、野外基地类、虚拟仿真类、生产现场类等。

3）实验内容的目标要求多：主要可分为课程体系类、网络类、预约类、课外活动类、开放类、大学生创新科技立项类、自由发挥的自助类、毕业设计类等实验。

4）实验目的多：包括地质认识类、过程观察类、地质求证类、定量表征类、数值测量类、物理计算类、盆地模拟类、目标验证类等实验。

5）目标层次多：不同的年级、兴趣、特长、目标和目的等，相应对实验室及实验条件的要求有所不同。

3.1.4.2 能源实验中心构架理念

能源地质与开发教学中心秉承中国地质大学（北京）"特色+精品"的办学理念，始终坚持实验教学的研究与改革，在十余年的实践中形成了"强化基础、倡导创新、穿越式实验课程设置、多维递进一体化实验教学体系"的实验与实践教学理念（图3.1）。

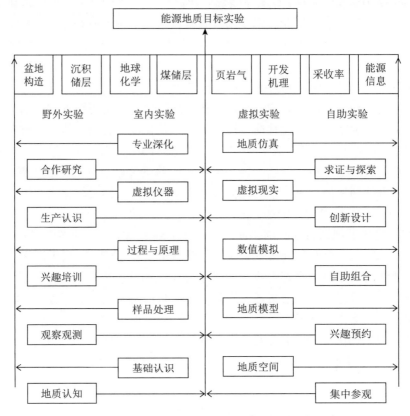

图 3.1　（多维递进一体化）穿越式实验教学体系

多学科方向、多实验内容、多实验方法、多层级要求、多头绪和手段等特点清楚及多维多层次是能源实验中心必须面临的重要基础条件，一体化规整建设是能源实验室必须要实现的优化目标。鉴于此，多维递进一体化穿越式实验方案和实验室建设是能源实验中心建设的最佳选择。

3.1.4.3　相关矛盾问题与解决思路

教学专业方向设置决定了实验教学体系走向，能源地质专业教学内容的广泛性和多样性决定了相应实验室建设必须具有多维一体性和递进穿越性。多维递进一体化穿越式实验教学体系的构建需要解决如下问题：

（1）教学与实验内容匹配之间的关联与矛盾问题

作为高等人才培养的主线，课堂理论教学需要跟随时代变化而变动，根据实际的社会需要变化而变动。相关的实验室建设需要配套的硬件投入，需要有一定间隔的时间缓冲和明显的滞后，课堂教学与实验教学之间由于各自特点的不同而永远存在着相互矛盾。

解决思路：抓基础、重核心，提前预测和预判。

（2）不同专业方向教学实验内容的关联与矛盾问题

能源地质教学涵盖了2个专业4个方向，相关内容从基础地质一直延伸到了开发工程，教学内容囊括内容多、覆盖面广、相互之间的联系薄弱。相关实验内容和实验室建设对应存在战线长、内容多、相互之间的矛盾难以平衡等矛盾问题。

解决思路：适应多元特点，寻找内在的相互联系，一体化统筹解决。

（3）不同年级层次（能力和兴趣）大学生实验的关联与矛盾问题

实验室的硬件空间有限，但不同年级、兴趣和能力的大学生对实验室及其内容建设的需求又完全不同，一直存在着要求不断增加、功能不断提升、花样不断翻新的定位需求。利用有限的硬件条件解决不断提升的实验需求、改进并提升大学生素质量，是考核实验室机动能力的关键问题。

解决思路：对实验内容和方法进行递进式设计，预留好垂向穿越的实验空间。

（4）不同实验方法教学实验内容的关联与矛盾问题

能源地质与开发包括了地质认识、过程观察、现象描述、定量表征、预测分析、动量预测、空间感受等许多实验方法和内容，但没有一种方法既能够解决好学生的地质认识问题又能够解决好地质定量化问题。利用不同的实验方法解决相同的地质问题或者利用相同的实验方案解决不同的地质问题，往往会为实验室建设提出更高、更多的期待和要求。

解决思路：在一体化设计框架下，预留好平行递进的实验空间。

（5）不同实验场地和空间教学实验内容的关联与矛盾问题

能源地质与开发体系和方法包括了课堂实验、课外实验、野外实验、实验室内实验、虚拟实验、现场实验等许多类型，同时在短时间内完成围绕同一问题的所有方式实验非常困难，合理发挥各种方式实验的最好效果，同时节省时间和资金成本，是摆在实验室规划设计和思路构建面前的基本问题。

解决思路：借助虚拟仿真实验和网络化平台，设计可穿越式实验方案和方法。

（6）科研实验与教学实验的关联与矛盾问题

科学研究实验要求精确和准确，课程教学实验重在掌握和理解，各自分别需要不同的实验仪器、实验样品和操作流程。在有限的时间、空间和资金条件下，两者难以同时兼顾而同求最佳，科研实验与教学实验之间的差异和矛盾几乎是每个实验室都会遇到的共性问题。

解决思路：科研实验与教学实验共同构建，科研实验带动教学实验，教学实验支持科研活动。

3.1.4.4　实验室体系建设的解决方案

（1）紧密围绕课堂理论教学发展

结合学科发展方向和历史趋势分析，不断掌握领域动态变化特点和规律，准确分析定位实验室走向和趋势，提前时间量做好实验室配套准备。对于已经发生变化的课堂理论教学内容，及时转变实验内容、实验方式，甚至实验仪器用途，保证实验教学内容与理论教学内容的尽量一致吻合。对于行将发生变化的教学内容，及时做出判断并进行合理安排，提前进行相关实验仪器设备的调研和设计，或者新的教学仪器研发，保持实验教学内容和仪器设备的及时更新换代。结合能源地质领域中出现的非常规油气（新能源）迅猛发展趋势，选择提前准备、自行研制适应新教学要求和特点的专业实验仪器，很好地满足了新形势下的能源地质理论教学和实验教学要求。

（2）直面多元化

教学改革的多选择性、科技发展的多样性以及学生兴趣的多变性，无时无刻不在影响甚至决定着相关实验教学内容和方法的变化性，要求实验室及实验教学方案不断能够变通、演绎、适应。在进行教学实验的项目内容、方法方案、形式要求等总体体系设计时，宜选择更多的灵活性和可变通性。在能源实验中心整体构架设计和建设过程中，我们将这种多元性设计为不同内容、不同方式、不同方法、不同场地等多种属性的多维性，很好地解决了所面临的资金有限、空间不足、资源匹配困难等交织矛盾和难以调和的问题。

（3）层次设定和递进关系设置

对于不同年级、不同特长爱好、不同能力层次的学生来说，完全相同、缺乏新意、机械照搬的实验方案只能使人乏味执行或者失去兴趣而选择逃离。实验内容的深化、实验要求的提高、实验条件的变化、设备仪器功能的改进等，是解决实验重复性的有效方法。在整体的实验方案构架体系中，充分考虑不同学科方向之间的交叉性，尽量利用已有的空间条件和硬件设备条件，通过硬件组合或者功能拆解，分别针对不同要求和特点的学生设置不同教学目标和目的的实验，不失为更好的解决方案。

（4）系统规整一体化

对于服务的课程多、实验的项目多、涉及的范畴多、参加的人数多等特点条件，实验室的归一化整体设计和构建无疑是一项繁重的琐碎任务。只有通过系统地规整一体化建设，实验室内的各种实验资源才有可能最大限度地发挥其应有的效能。特别是，对实验室排布的空间结构、内部组构、设备仪器摆放等细节问题的考虑，也将会对整体的实验室性能及实验效果产生重大影响。能源实验中心提前布局，将各方向内容、实验方法手段、功能需求等实验室进行了整体化预置、整合归一，产生了意想不到的良好效果。

（5）内容和时空关系穿越

地质学本身就存在着空间尺度和规模变化大、时间范围和精度跨越大等特点，特别是以地质现象观察和研究为主要方式的地质野外实习和实验，更对时间和空间的变换要求甚高。在现象与过程实验研究中，大跨度的时空域变化难以预料和控制，唯有采取穿越时的实验理念、思路和方法，在将今论古、尊重客观及合理推断情况下进行穿越式实验方案构架才能更好、更有效地解决能源地质特色实验方法问题。特别是，将不同方向领域的实验内容和实验项目通过穿越式的结合，既能够解决穿越地质时空、跨越实验时空问题，又能够实现一台仪器多用、多台设备共同完成一项实验、集中资源解决一个重大问题。

（6）满足课堂理论教学需要

紧密围绕理论教学方案，实现最大实验效能一直是各实验室的共同努力方向和追求目标。依照多维—递进——一体化—穿越式实验室构架思路，能够最大限度地提高资金、场地及设备仪器的使用效能，在原有硬件配置基础上产生更大的功能，组合产生一系列新的实验项目。特别是虚拟仿真实验技术的加入，更使得地质实验教学功能翻番、容量倍增、质量提升，是实现多维递进一体化穿越式实验教学方案体系建设和实验室建设的强有力支撑。

3.2 穿越式能源地质实验教学体系构建

3.2.1 构建的必要性

能源实验中心从建设以来取得了各方面的巨大进展，但能源地质历史跨度大且不可逆、地下油藏空间人不可及且地质过程不可亲身经历、油气地质理论抽象、能源分布预测中的不确定性强、野外地质实习周期长、地质实习（实验）成本昂贵、石油工程现场实习规模大且具有较大的危险性，为优质实验教学带来了较大困难。同时，实验教学空间与建设费用有限，制约了能源实验教学水平的提高，也制约了中国地质大学（北京）能源矿产资源勘查传统优势专业和方向的发展。结合地质资源勘查实验教学中心建设，利用"平民化"的虚拟现实技术极大地推进了实验室的建设和实验教学水平的提高，也对中国地质大学（北京）国家重点学科方向的发展和建设具有十分重要的意义。

（1）地质能源深埋地下，研究对象历史漫长，人类无法重现

能源地质研究与评价的主体对象深埋地下，除煤田相对较浅以外，油气藏埋深通常数千米，人类无法"置身其中"、亲身体验。地质能源的形成历史常以百万、千万、亿或十亿年为时间计量单位，人类无法亲身经历。地下是一个缺氧环境，特别是地层的温度、压力向下越来越高，是人类所无法直接承受的。即便如此，其前进的阻力也是无法克服的，这就是常言所说的"上天容易入地难"。此外，煤油气能源所在的盆地规模宏大，其分布可延绵数百乃至数千千米，覆盖面积数十万乃至数百万平方千米。不借助虚拟手段，我们无法"身临其境"、一探究竟。

（2）地质变化随机性强，研究逻辑抽象且关系复杂，我们"难以"想象

与能源地质相关的层序地层、沉积相变、断层不整合以及油气储层展布等，在时空分布上关系复杂、盘根错节、随机性强，表现为随机的有序性变化特点。众多地质因素的变化导致能源地质条件扑朔迷离，油气矿产分布难以准确确定。能源地质与评价相关学科的发展离不开现代物理、化学、环境、气候以及生物等多学科的支持，所包含的研究内容广泛，横向跨度大覆盖领域宽，各课程之间的内在联系难以在短时间内关联疏通。能源地质教研内容抽象，相互之间关系复杂，地质逻辑抽象，特别是油气的可流动性强，可在不同地质单元中运移成藏，地质判断影响因素多，不确定性强。借助虚拟方法和技术，易于达到纲举目张、豁然开朗、一览众山之效果。

（3）工程现场危险程度高，施工与实习时间难凑，作业过程难以全程经历

能源地质是一个野外性很强的领域，但由于受气候、自然灾害等诸多条件限制，能源地质施工的季节性和时间性非常强。

石油钻井、水力压裂、试井及开采等工程施工既是一个高科技集中的领域，又是一个日蚕斗金、吞山纳水的高消费行业，同时还是一个机器轰鸣、轮机飞转、钢管飞舞、泥浆喷涌、充满着各种潜在危险的平台，未经系统性知识训练和安全培训的教学实习（实践）活动，无疑就是一个时刻充满着各种危险的"游戏"。特别是，石油工程现场还面临着硫化氢气体有可能扩散而致人死亡的风险。石油工程施工周期长且施工时间无规律可循，工程实习时间和现场作业时间难以很好匹配，工程过程难以全程经历，实习（实践）效果

常大打折扣。

（4）实习地点遥远且分散，实践常需动用特大型设备，实验成本昂贵

"地质景观在远山，无限风光在险峰"，这是对野外地质实习场景的典型描述。通常情况下，具有典型地质特征和实习（实践）价值的地质剖面和露头点都出现在遥远的山区地带，分布零星、分散，路途遥远且交通不便。对于石油工程实习（实践），又常需开动钻机、泵组、绞车、压裂车等现场大型-特大型设备。无论是钻井作业现场，还是水平井压裂施工实习，均需要花费大量的时间、财力、物力和精力。对于实验室内的现实实验，也常由于实验室的空间大小、仪器的总台（套）数或贵重仪器操作使用的复杂性而使实验操作实习流于形式。虚拟仿真实验不仅能够缩短时间，节省实习（实验）空间，增加对实验过程的透明化理解，而且更能够节约大量资金、人力和物力，极大地改善实践（实习）效果。

（5）受限于人类的直接观察尺度，我们很难将零散、片段的地质现象及时串联在一起形成系统的地质理解和认识

实际地质体的规模往往既宽大无比又历时长久，在人类的自然观察尺度范围内，很难将所见、所听、所想象的地质概念或现象关联在一起。即使是伟大的科学家，也很难觉察宏观概念中的局部变化，这就是现代地学理论形成时间较晚并反复争论不休、难以定论的主要原因，也是日心说、生物进化论甚至板块运动学说等理论在历史上不断遭到扼杀的主要原因。

此外，虚拟地质和仿真开发实验在能源地质与评价教学中的应用价值日渐凸显并发挥着越来越重要的作用。能源地质虚拟实验解决了大型仪器难以走进课堂教学现场、难以多机同步实验等困难，在很大程度上解决了教学资源紧张问题，极大地拓宽了实验物理空间和时间范围。同时，能源地质虚拟实验拉近了时间及空间距离，将过程不可及变为可望又可及，地质仿真在远离石油钻井现场的实验室内摆脱了危险性作业。除受益覆盖面大、投资成本低、易于维护、利用率高等优点外，还为能源地质实验教学提供了形象化、直观化、多样化的实验效果。

3.2.2 构建的要件和功能

3.2.2.1 构建的要件

多维递进一体化实验室的架构主要从课堂、实验室、野外、虚拟仿真等四个环节进行设计和考虑，分别可以对应形成课堂实验室、专业教学实验室、野外地质实验室及虚拟仿真教学实验室等四大板块。

（1）课堂实验室

课堂实验室定位于简短、简单、现象原理性的演示实验，主要在课堂上完成或展示。课堂实验室主要包括了模具、模型、轻型便携式仪器、视频等，具有直观、简短、快捷等特点，进一步也包括了课堂与实验室的近距离相邻课间穿插或网络直播。

（2）专业教学实验室

专业教学实验室定位于专门的过程观察、现象描述、定量计算、机理探讨等具有一定深度的过程实验或动手性实验，通常需要专门的仪器和设备。按服务的课程体系划分为多种类型，需要考虑并解决不同学科方向、大型贵重设备与常规教学仪器、有限时空与人多

时间短、时间限定与兴趣研究、基础实验室（预处理）与不同方向专业实验、认知实验与自助实验、课程实验与开放实验、实场实验与网络实验之间的关系与矛盾。

（3）野外地质实验室

无法搬进实验室内、需要在野外现场完成的各种观察、描述、鉴定、测量等实验，主要包括了野外认知实验（大一的地质实习）、地质观察与观测实验（大二的填图、观察、测量等野外实践）、生产现场实验（大三或大四的生产实习）等；也可建立专门的野外研究基地，安排针对专门技能和目的、特色和兴趣的兴趣实验、实训实验、特长培养实验等；还包括为解决现场实际问题而建立的野外研究与实训基地。

（4）虚拟仿真教学实验室

狭义的虚拟仿真实验仅指一种局限空间内的视觉、听觉、味觉、触觉、体感或它们的复合感受，广义的虚拟仿真实验则需要首先从样品和野外认知开始，结合地质模型、物理模拟、数值模拟等开展沉浸式体验、时空跨越感受、地质过程理解等实验，完成地质过程仿真与现实虚拟完美结合的教学实验。

3.2.2.2　构建实现的功能

多维递进一体化实验室的构建不仅是解决虚拟仿真实验所能实现的时空感受问题，而且还要进一步解决时间回溯、历史穿越、时间平移、空间对接、宏微观尺度转化、空间瞬移、时空对接、时空跨越等问题；不仅要解决地质专业的实验内容问题，而且还要解决现实可行的实验技术问题，解决不同学科方向的衔接、课堂实验与课程实验、课程实验与野外实验、野外实验与虚拟实验、虚拟实验与设计性综合实验以及综合实验与教学效果等实验室的技术衔接问题。

在实现方式和途径上，多维递进一体化实验室需要贯通教学体系与实验体系、科学实验与教学实验、各学科实验与能源地质理解、精密测量与现象观察、物理实验室与信息数值实验室、现实实验室与虚拟实验室、简单重复与层系递进实验、课堂实验与课程实验、课程实验与野外实验、现场实验与网络实验、课程实验室与开放实验室、多中心与平台的贯通等现实问题。

多维递进一体化实验室需要解决实验内容上的时空跨越和内容穿越问题，包括不同层级能源地质教学实验的垂直穿越、能源地质不同专业方向实验相关内容的平行穿越、不同现场实验的空间穿越、不同地史时期的时间穿越、教学实验运行过程中的时空穿越等问题。

3.2.3　构建方法

在多维递进一体化穿越式实验体系建设这一理念的指导下，能源地质领域形成了 4 个不同的教学、实验教学及学生培养方向：石油天然气与煤田地质方向，非常规能源地质方向，石油工程与开发方向，能源环境地质方向。石油天然气与煤田地质方向主要培养适应石油、煤炭等传统矿产能源行业的高技术地质人才；非常规能源地质方向主要培养页岩气、煤层气、天然气水合物等非常规地质矿产能源的勘探地质人才；石油工程与开发方向主要培养石油天然气等地下能源的开发工程、生产技术、产能分析及储量评价等方面的专业技术人才；能源环境地质方向主要培养解决能源矿产开发、利用过程中遇到环境问题的工程技术人才。

（1）实验方案体系

实验方案体系的制定充分考虑了人才培养方式和培养目标，限定了多维一体化的实验体系建设方针和目标。中国地质大学（北京）本科生 4 年制资源勘查专业培养模式围绕国家建设需要，目的是培养地质工程师和地质工作管理者；强化资源勘查专业订单式 3+1 培养模式，根据国家各石油公司、地矿局及大型矿山企业的需求而招生，解决地质人才短缺的现状。本科生和硕士研究生衔接连读培养，实现实验课程的优化重组，目的是培养国际化、研究型地学人才和专门应用型人才。

（2）野外实验室

围绕"实用性、原创性、导向性"实验教学理念，建立"基础集中、多层次、多维一体化"实验教学体系。针对资源勘查专业实践性强的特点，不断调整教学计划，加强实践性教学环节，以满足用人单位和毕业生求职的需要设置课堂实验、校内实践和校外实践教学内容体系。多层次实践教学体系对野外实习与实践的要求是必须作为课程实验的补充和延伸。大一地质认识实习（北戴河），主要强化学生对地质现象、地质过程的认识与理解；大二教学实习（周口店等），使学生重点掌握基本的野外工作方法；大三是目标式生产实习，也是综合实习，加强学生综合实践能力的培养。

（3）课堂实验室与专业实验室

在教学内容与方式改革上，围绕"实用性、原创性、导向性"开展，突出将最新的地质资源勘查理论知识和高科技、新技术融入实验、实践教学内容中，产生沉浸式教学效果。强调系统的理论知识体系与实践教学相结合，重视学生实际动手能力和创新意识的培养。限定了实验体系、实验方法甚至实验仪器的多样化和针对性。

（4）虚拟实验室

多维递进一体化实验体系的建设离不开虚拟仿真实验技术，但虚拟仿真实验室建设又不拘泥于狭义上的局限体感，将四大实验板块融合搭建成为一个多资源共享、不同实验方法互相支撑、综合提升实验质量和能力的统一整体。主要的建设措施包括实现常规实验教学内容实验项目的特色化、大型仪器的虚拟化、地下信息的空间漫步化、野外露头信息的时空漫游化等。

（5）综合能力培养

产学研结合，稳定高质量的"产学研"基地在地质学专业野外实践中的地位是不容置疑的，"产学研"基地不仅能锻炼实践能力、巩固理论知识，更能培养专业敏感性和创新思维。在改革开放的社会环境中，企业之间竞争激烈，为了保证企业的生存和发展，企业的效率成为非常重要的一环。

（6）实验室共享与开放

实验室资源共享，实验室开放和共享，对有效利用实验室资源，提高教学科研经费的使用效益，增强服务全校和社会的能力具有重要作用。能源实验中心针对不同功能实验室的实际情况，探索不同的开放共享形式，形成有利于开放共享的运行机制，不断提升仪器设备的管理水平和使用效益。

为将能源实验教学中心建设成高水平的国家实验教学示范中心，制定了相应的发展规划和具体措施。加大学生实践教学资金投入力度，建立了本科生开放实验基金制度，将学生创新性实验给予资金和制度上的保证，扩大学生实践教学利用高精尖仪器设备的范围。

建立了学生创新性成果奖励机制，如学生发表论文给予奖励。增加室内综合实验教学的比例，加强开放实验室建设。

3.2.4 虚拟仿真实验室构建

3.2.4.1 虚拟仿真实验室构建思路

根据能源地质与评价的特点，虚拟仿真实验中心建设涉及多个方面，主要包括盆地过程与构造解析、地层沉积与储层评价、有机地球化学与应用、油气成藏机理及预测、油气田开发与数值模拟、能源信息分析与评价等。依托地质资源勘查国家级实验教学中心，能源地质与评价虚拟仿真实验中心硬件建设条件良好，野外实践教学基地和现实实验教学中心的结构布局、设施配套以及功能实现等条件良好。为配合提高虚拟仿真实验效果，填补野外实习和虚拟仿真实验之间的空白，虚拟仿真实验教学中心在建设过程中侧重加强了地质实物标本和微缩景观模型建设。

虚拟仿真实验室是多维递进一体化穿越式实验室及实验体系构建的关键一环。虚拟仿真实验教学资源主要包括教学实践基地、教学实验室、虚拟仿真系统，能源实验中心目前拥有地质过程恢复、能源矿产评价、过程仿真模拟等三大虚拟仿真实验分中心，分别对应于地质原理与过程虚拟教学、能源矿产分布及预测虚拟教学和钻井、开发工程虚拟仿真教学系统（图 3.2）。

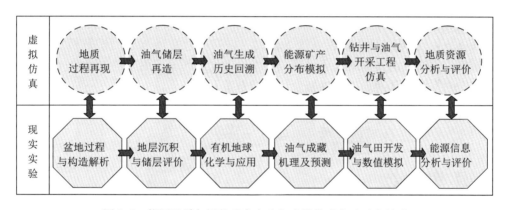

图 3.2　能源地质与评价现实实验与虚拟仿真实验对应关系

3.2.4.2 地质原理与过程虚拟仿真平台

（1）盆地模拟系统

盆地模拟系统立足于现实中无法再现的构造—沉积—成藏等过程，通过虚拟仿真手段虚拟实现盆地的形成、构造演变、沉积充填、后期压实以及油气分布等，包括成盆、成烃、成藏等与煤油气能源地质相关的所有地质过程，如盆地构造沉降历史和过程恢复、沉积—充填—古地理历史再造、盆地热历史与油气生成史模拟、油气运聚历史—过程—特点再现等。平台的建设依托于完备的地质理论，实现地质资料及虚拟现实的联机互动，探索实践教学的新模式，引导学生深刻理解地质过程和理论应用，形成稳健、可持续发展的虚拟仿真实验教学体系。

为了提高室内课堂教学效果，实现室内教学资源共享，满足多校多学科专业虚拟仿真实验教学的要求，构造视景虚拟仿真教学平台主要是通过建立一套完整的三维构造视景虚拟模型，通过特殊的 3D 眼镜等设备身临其境般观察地质视景的全貌。地质视景虚拟仿真教学平台通过虚拟仿真教学系统，能够使学生在实验室完成对野外不同场景的真实体验及感官认识，解决学生实践教学实现难度大、成本高、实践教学少等一系列问题。

油气运聚模拟是为了准确地重建地质时间与空间范围内的油气运移历史，为油气资源分布的预测和评价提供可靠依据。在准确恢复生、排烃史的基础上建立初始地质模型，应用古构造恢复、古流体势恢复、油气运移路径模拟和优势运移通道分析等一系列模拟和评价方法进行油气运聚过程的动态模拟，在此基础上能够进一步预测分析油气的分布位置。

（2）地质评价系统

虚拟实验平台为自由搭建任意合理的实验模型提供了可能，能满足教师对各层次实验教学的需求。学生既可通过该平台动手操作，又可自主设计实验，有利于培养创新意识和能力。地质评价虚拟仿真系统分为两部分：一是使用虚拟仪器进行测试并获得参数；二是结合地质条件和要素的虚拟设置，对拟定的研究对象开展地质评价。

在虚拟仪器模拟系统中，虚拟实验平台与真实实验台一样，能供学生自己动手配置、连接、调节并使用实验仪器设备进行实验。通过该平台，教师既可搭建典型实验或调取实验案例，方便地向学生布置实验任务，还可在实验结束后查看实验结果，给出实验成绩和评价。目前已经对部分科研中的有机地球化学（色谱、质谱、热解仪等）、储集物性（孔隙度、渗透率、饱和度等）及含气量（损失、解吸、残余等）等大型贵重仪器实施了虚拟化（图 3.3）。以等温吸附分析系统为例，它以高温、高压岩心测试分析技术为基础，根据煤层气、页岩气的吸附解吸成藏模拟技术原理设计开发，用于测定煤层气、页岩气吸附气含量，对非常规气的地质勘探开发评价具有重大意义。

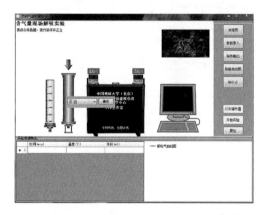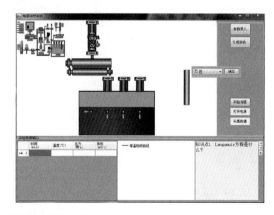

图 3.3　高精尖及大型贵重仪器虚拟化

左：现场解析；右：等温吸附

在虚拟现实中实现油气成藏模拟及评价不仅需要地质三维建模所需的影像数据、DEM 和相应的二维基础地理数据等，还需要源岩生烃、油气运移及运聚方面的数据。这就需要结合现有的源岩生烃、运移模拟实验以及相关的成藏模拟软件来共同实现。在热模拟实验室烃源岩评价方面，其虚拟实验主要是借助多媒体、仿真和虚拟现实等技术，在计算机上营造出可辅助、部分或全部替代传统生烃热模拟实验仪器各操作环节的相关软硬件操作环境，实验者可以像在真实环境中一样体验热模拟实验过程，所取得的实验效果在理论上等效于实际仪器所测定的效果（图3.4）。

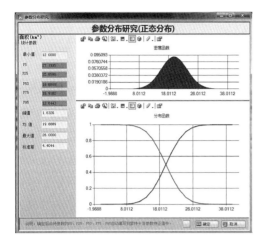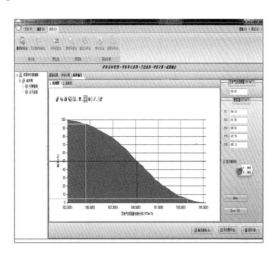

图 3.4　能源地质综合评价系统操作界面

3.2.4.3　能源矿产分布及预测虚拟仿真平台

（1）综合地质解释系统

使用三维地震解释软件可对研究对象进行地震资料解释、三维自动层位追踪、合成地震记录制作、三维可视化解释、地质解释与地层对比、叠后处理、数据体相干分析以及地震属性提取等工作（图3.5）。运用 Landmark、Petrel 和 Earth Vision 等软件，可对解释结果进行三维可视化显示。特别是，Earth Vision 可用于建立三维油藏构造格架模型、参数模型，形成三维数据体，特别是在对复杂断块的处理上，其优势显著。三维地震解释优越性明显，通过透明体渲染和薄层雕刻等技术可以快速、直观地发现地层及岩性异常体。

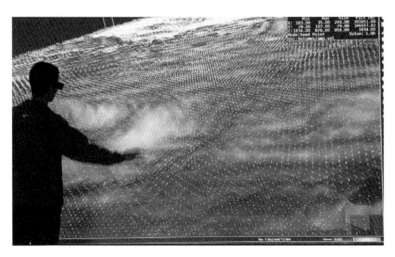

图 3.5　三维可视化人机交互环境（虚拟油气藏）

地下漫步是能源地质与评价虚拟实验中心教学平台的一个重要组成部分，也是虚拟仿真技术中交互性和浸没性特征的重要体现。能源实验中心拟通过高端三维投影系统，对油气勘探开发所涉及的多种数据进行充分、实时的展示，为科研和决策人员营造一种身临其境的环境，让使用者能对研究对象进行全方位、多层面、多维、多尺度的立体感知，并以交互的方式对其进行综合分析、协同工作，以达到对勘探开发目标进行综合、高效、科学地研究和认知的目的。在地下漫步虚拟平台上，用户可以随心所欲地选择不同的方向和路线进入构造或圈闭内部做深入的"游览"，观察油气藏特征，调入各种属性参数，观看开发过程中压裂与油气运移。用户可以根据需求进入不同的数据库资源，"沉浸"在不同的数据中，通过人机交互，用户能够自由地观察虚拟环境，体验身临其境的浸没感，进而可实现用户与系统的完美结合（图3.6）。在地下漫步平台，实验人员不再需要面对枯燥的单维数据，而是戴上头盔和数据手套，面对着地下构造或圈闭的三维透视图像，用数据手套操纵虚拟对象，在感兴趣的地方驻足而立、详细研究。

图3.6　仿真地质游（地下空间漫步，毛小平）

（2）油藏描述系统

主要是通过软件把地质研究、地震解释、测井分析、开发生产动态管理集成到一个完整的解释系统中，形成微机一体化油藏描述平台，完成各类项目研究工作。可以对油藏进行定性、定量描述和评价，阐明油藏的构造面貌、沉积相和微相的类型和展布、储集体的几何形态和大小、储层参数分布和非均质性及其微观特征、油藏内流体性质和分布，以及计算石油储量和进行油藏综合评价，绘出反映油藏特征的各种图件，选择合理的开发方案，改善开发效果，提高石油采收率。

进行储层定量预测的关键技术是地震反演，虚拟实验中心运用各种软件进行反演，包括叠后地震反演和叠前地震反演。其中，主要运用基于模型的地震反演、波阻抗反演、多属性储层特征反演等方法。储层定性预测主要运用地震属性分析技术，油气识别主要是通过烃类检测、AVO分析、神经网络和聚类分析等方法识别。此外，结合地震相、测井等资料，还可以进行综合油藏描述和分析预测。

3.2.4.4 钻井与开发工程虚拟仿真虚拟仿真平台

（1）油藏数值模拟系统

利用大型油藏数值模拟及动态分析等软件，结合地质、油藏、生产动态、措施等工艺流程，可根据不同的参数变化，模拟不同的油藏开发方案，预测油藏经济开采年限和经济收益率，动态显示整个油藏在不同井网的开采模式下，油气水及剩余油气分布规律及单井产能特点。虚拟仿真系统还可以用于油藏模拟输出数据的后处理工作，使模拟运算结果比现有的二维或三维工作站更直观、更逼真；它还支持交互式的模拟演示，可以任意旋转、移动、缩放等，模拟出任意时刻的剖面或切面图以及油藏特征参数分布随时间变化的演示图。由此可以清晰地了解油气藏的分布情况和整个油田开发过程中的动态变化状况，从而可以有效地制定油藏开发方案，提高采收率，以此来延长油藏寿命。

随着油气资源的不断开发和利用，压裂技术作为常规和非常规油气开发的重要基础手段已经得到了广泛的认可。人工裂缝和天然裂缝之间的关系一直是困扰油藏工程师及采油工程师重要的技术难题，而人进入地下去观测是不现实的，更由于储层的高温高压对设备寿命的影响较大，故虚拟模拟地下裂缝扩展和延伸，对非常规油气藏开发方案的制定意义重大。

非常规油气勘探开发是能源实验中心具有特色的研究领域和方向，裂缝的扩展和延伸对于非常规油气开发具有非常重要的作用，压裂是非常规油气开发过程中必须要面对的问题。虚拟仿真实验中心利用自行设计的软件及成熟的有限元软件来模拟裂缝在压裂过程中的延伸和扩展，合理地反映地下裂缝扩展和油气沿着裂缝流向井底的过程。非常规油气藏开发离不开压裂改造作业施工，人工裂缝与天然裂缝的关系复杂，利用三维技术研究裂缝的三维扩展及其延伸的基本规律，能更加真切地体会裂缝扩展，并对压后油气井的产能进行预测，有限元软件可动态真实地模拟地下裂缝受力和开启变化的规律。

（2）油气田开发三维可视化系统

系统可以通过室内软件模拟钻井、起下钻、司钻控制、防喷器控制、管汇操作、节流控制等各种钻井与井控操作，钻井与井控仿真软件按照反映各种井控规律及设备性能的数学模型编成，并配有相应的数学声响和三维动画软件，可以逼真地模拟钻井与井控过程（图 3.7）。虚拟仿真实验中心拥有钻井动态流程可视化物理模型，同时联合辽河油田油气井控安全中心，建立了井控安全模拟仿真系统，软硬件结合，可室内模拟钻井整个工艺流程并对钻井过程中可能出现的井架歪斜、井喷、井场火灾等各种危险情况进行虚拟实现。可输入相关参数，三维可视化地完成整个钻井施工流程，熟悉并应对现场钻井必须面对的各种风险和难题。

虚拟仿真技术能在虚拟化显示地震数据及其各种属性体的同时，将井轨迹和各种井数据及流体同时显示于同一个虚拟化立体空间，成为井眼轨迹设计以及钻探跟踪决策的有效工具。钻井设计可以在地震剖面、地质体或层面上通过三维鼠标点击来完成，也可用邻井的时深关系对新井进行分层，并对完钻深度进行预测。

油田钻井平台工艺仿真系统是严格按照国内油田中钻井平台设计而成的，其所有的工艺流程和操作规范均符合油田行业现行的操作要求，所有三维可交互模型都是与真实的钻井平台等比例创建的，三维仿真工艺流程也是按照钻井平台的工艺要求制作的，可以给用户以真实的操作反馈和感官体验，保证模拟的操作培训演练更加真实有效。

图 3.7　学生使用虚拟仿真模拟系统

　　钻井工程设计主要应用直井、定向井、丛式井、水平井等设计系统，并应用三维可视化等软件，在综合评价的基础上，进行井位和野外施工的设计。虚拟实验中的随钻研究人员可以在三维可视化中心实时了解所钻井的情况，包括电测、气测、岩性、钻时等信息。同时，通过软件可以对随钻测井的井斜、电测等资料进行分析，实验人员可以实时了解实际钻井情况。

　　通过施工流程的设置，可有效地预测压裂人工裂缝的扩展和延伸，并同时结合物理模型，按照设置的压裂施工工艺流程，观察实际岩块裂缝的开启、延伸和扩展，实现了软硬件高效结合，可以确定压裂过程中的应力和裂缝之间的变化关系。通过有限元模拟软件，可以实现不同应力作用下人工裂缝的扩展和延伸模拟，可以实时再现地下不同应力状况下人工裂缝开启的规律。

　　通过油藏数值模拟软件，能够虚拟不同储层条件下、不同开发方式的油气藏开发动态特征。实验人员可通过三维模拟图形适时观看不同开发阶段剩余油的分布特点，判断自己设计的开发方案是否为最优。

3.2.5　多维递进一体化穿越式实验体系构建

3.2.5.1　体系架构思路

　　虚拟仿真实验教学中心建设主体按照"从现实存在到抽象模型，再从虚拟仿真到虚实结合，最后回归现实实现系统认知"思路开展，即首先在对野外地质进行观察的基础上形成地质概念和认识，结合典型标本形成与能源地质相关的微缩景观地质模型，结合大型作业现场形成石油工程景观模型。然后在基础地质原理基础上建立能源地质抽象逻辑，对地质过程进行虚拟表达和实现，对石油工程过程及施工现场进行仿真模拟，完成系统的能源地质评价虚拟仿真教学实验。

在已有的野外和室内实验室体系基础上，能源实验中心虚拟仿真实验室可划分为虚实结合的三大功能性结构板块（图3.8），即以建立地质原型概念为主要目的的野外实习实验基地、以建立地质仿真模型和机理过程模型为主要任务的现实实验中心、以场景仿真和过程再现为主要目标的虚拟仿真实验中心。

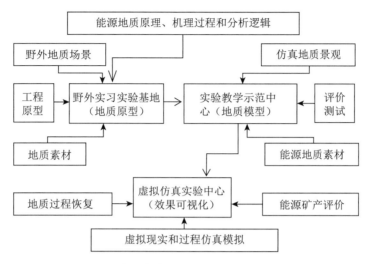

图3.8 虚拟仿真实验室教学中心功能结构

能源地质研究与评价的主体对象深埋地下难以触及，研究及实验难以"身临其境"，具有地质过程复杂、时空关系复杂、油气成藏机理复杂、矿产分布复杂、地质评价要求复杂、开发工艺复杂等特点，在野外和实验室有限的物理空间内"难以地质再现"。基于这6个"复杂"，中国地质大学（北京）在实验教学中心建设过程中强化了虚拟实验室建设，侧重在贵重仪器的使用（虚拟仪器）、地质时空概念和方法的建立（虚拟空间）、地质过程与油气成藏（虚拟过程）、能源矿产分布及预测（地下空间漫步）、地质资源评价（地质过程的虚拟再现）、钻井与油气开采工程（虚拟现实和仿真）等方面进行了虚拟仿真系统开发和重点建设，体现了地质复杂特点与虚拟现实有机的紧密结合。

3.2.5.2 教学实验体系架构

实验项目类型包括基础性实验、综合性实验、设计性实验、创新性实验，对于不同专业有所差别。基础性实验和综合性实验、设计性实验是教学实验的主体，创新性实验与学校开展的创新性项目相结合。

实验教学内容可分为公共基础实验、专业课程实验、野外实验及虚拟仿真实验等部分。公共基础实验铺垫于专业的课堂教学实验之外围，注重实物展出、图片展示及讲解效果，适合于课堂实验、大学生入学及毕业教育、专业研讨及大学生课外科技活动等；专业课程实验紧密围绕理论教学，侧重于对理论知识体系的进一步理解和认识，围绕能源地质主方向的主干课程建设，实验中心予以重点规划和建设，形成了覆盖42门课程、累计达到98项的实验教学体系；野外实验则根据专业特点，将室内实验室延伸到野外存在的天然场所（北京西山碳酸盐岩沉积、北京延庆陆相湖盆沉积、滦平盆地中生界沉积、滦河现代沉积、华北油田地下岩心库以及油田实际生产现场），形成了对理论教学及实验教学不足的重要补充。所开设虚拟仿真实验教学项目涵盖野外地质虚拟、虚拟仪器操作、地质历史回放、石油工程现场仿真等各方面内容，既包括数值模拟等自编软件，也包括科研用大型软件。除此以外，还开设了多项用于能源地质科学普及、兴趣教育或科学研究的预约性开放实验项目。同时注重仿真实验的实施，通过模块组合、场景设定和要求配置，能够从容实现"仿真地质游""漫步油气藏""鸟瞰虚拟井""翱翔非常规"等一系列仿真实验，满足不同方面虚拟仿真实验的需求（表 3.1）。

表 3.1　虚拟仿真实验与教学内容的结合

虚拟仿真 实验中心	能源地质与评价					
虚拟仿真分中心	地质原理与过程		能源矿产分布及预测		钻井与开发工程虚拟仿真	
虚拟仿真系统	盆地模拟	地质评价	综合地质解释	油藏描述	油藏数值模拟	油气田开发三维可视化
基本内容	构造、沉积等地质历史恢复	虚拟仪器、要素分析、地质评价	地下空间漫步、驻足研究、综合解释	油气水分布、油藏特征描述	油藏过程、油气田开发模拟	钻井现场仿真、开发设计及可视化

将课堂实验、课程实验室实验、野外实验及虚拟仿真实验组合在一起，使之能够相互链接、拆分、配置、调整使用，从而构成根据实验需要组装、搭建新的实验项目并具有崭新实验功能的新"系统"，进一步拓展实验适用范围和功能延伸，突出一体化和穿越式实验效果，目前已经直接应用于教学实践过程中。

3.2.5.3　教学实验体系功能

除了完成地质过程虚拟和场景仿真模拟，完成教学大纲规定的实验教学任务外，多维递进一体化实验室的教学平台提供全方位开放服务，最大限度地满足各专业教学的实验需要。在教学实验过程中，系统平台主要具有如下功能：

（1）人机交互

虚拟仿真系统构成包括：三维视景图像生成及立体显示系统，立体音响生成与扬声系统，人体姿势、头、眼、手位置的跟踪测量系统，人机接口界面及多维的通信方式（头盔显示器和数据手套）虚拟仿真实验。

（2）数据交互

虚拟实验系统强大的交互能力，使实验者和虚拟实验对象之间可以通过鼠标的点击或者拖曳操作进行交互，实验者可以实时地观看实验现象和实验结果。虚拟仿真实验系统不仅接受本地用户的访问，有访问权限的异地用户也可以使用。通过数据流的交互，搭建并丰富新的虚拟仿真实验项目。

（3）数据共享

能源地质与评价虚拟仿真实验教学中心教学平台系统采用 B/S 与客户端控件相结合

的开发体系结构，具有易部署、易维护等优点，并能实现客户端界面友好、实用、交互性高等要求，可方便地连接任意第三方的数据库，实现数据库之间资料的共享与利用，达到信息发布、任务通知、数据收集分析、实验结果与成绩统计、交流答疑、互动交流、成果展示等教学实验功能。

（4）数据分析

除纯粹意义上的数据统计分析以外，系统还为中心人员提供了一个共同探讨与决策的多应用模式平台和良好的协同工作环境，使得虚拟仿真实验中心人员可以在三维可视化中心充分利用中心多 CPU、大内存、大屏幕、宏观立体和平面显示模式的优势。

（5）地质评价

各教学实验内容是有序组织并递进延伸的。系统支持基于数据分析和三维图形显示基础上的地质评价、资源评价、工程评价和经济评价。通过实时跟踪，可根据实际资料情况开展地质研究、工程方案设计和优化改进，模拟给出基于不同地质条件变化情况下的多方案结果，在功能上支持科学研究和研究型教学。

（6）教学实验空间关联

各教学方法和手段的共同目的是实现对地质现象和问题的统一认识与理解。多维递进一体化实验室的基本功能是将各实验室、实验场所、教学地点等，包括课堂、野外、实验室以及其他条件具备的场所等，通过网络空间的方式关联在一起，实现空间瞬移和时间平移的目的，达到"身临其境"的效果。

（7）通过实验内容和空间片段连接，达到实施时空和内容穿越的效果

将分散、无序的数据资料和现象片段关联在一起是地质实验室的重要手段和目的。通过穿越式链接，将不同的实验内容、教学知识点以及野外、资料片段等关联起来，互为补充、相互交织，形成直观的知识点连接和体会效果，使看似不关联的内容相互发生联系，达到融会贯通、时间平移、空间跨越、内容串联的效果。

3.3 穿越式能源地质教学实验体系建设成效

3.3.1 野外教学实验室

3.3.1.1 野外教学实习基地

野外教学实验室（野外及现场实习基地）为实验教学提供了实验对象的现实场景和地质过程原型（图3.9），7个教学实践基地主要由中国地质大学（北京）或中国地质大学（北京）与相关部门或单位共同建设而成（表3.2），目前承担着能源地质领域本科生的野外实习与实践教学任务，主要包括蓟县野外实践教学基地（原型现实）、北戴河野外实践教学基地（原型现实）、周口店野外地质实践教学基地（场景现实）、中国石油辽河油田与学校共建的辽河油田实践教学基地（场景与抽象现实）、中国石化胜利油田与学校共建的胜利油田孤岛采油厂实践教学基地和胜利油田滨南采油厂实践教学基地（场景与抽象现实）、中国石化中原油田与学校共建的中原油田实践教学基地（场景与抽象现实）等。

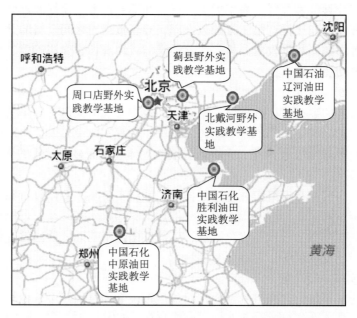

图 3.9　野外教学本科生实习基地分布示意

表 3.2　野外教学本科生实习基地

实习基地名称	实习内容	实习学生
北戴河野外实践教学基地	构造、沉积、地层分布、地形地貌	大一
蓟县野外实践教学基地	构造、沉积、地层分布、地形地貌	大一
周口店野外实践教学基地	构造、沉积、填图、空间分布	大二
胜利油田孤岛采油厂实践教学基地	油气井、钻采、油气开发	大三
胜利油田滨南采油厂实践教学基地	油气井、钻采、油气开发	大三
中原油田实践教学基地	油气井、钻采、油气开发	大三
辽河油田实践教学基地	综合地质分析、非常规、油气田开发	大三

3.3.1.2　野外特色实训基地建设

除了建立野外实习基地满足正常的大学生课程实习之外，我们还建立了多个特色的野外实训基地（表 3.3），以供特色课程和特长兴趣生筛选。

表 3.3　野外特色专业实训基地

实训基地名称	实训内容	实训学生
北京西山页岩野外实训基地	页岩气、非常规油气	大四
河北滦平野外实训基地	地质认识、岩性、地层、沉积、矿物	大二至大三
北京延庆硅化木公园野外实训基地	构造、层序地层学、沉积、野外露头测量	大三至大四
北京西山下苇店野外实训基地	碳酸盐岩沉积岩石学、沉积相	大二至大四

（1）北京西山页岩野外实训基地

该实训基地距离北京市区近50 km，位于近东西向的燕山山脉和北北东向的太行山脉的接合部位。区内地质研究程度较高，地层发育较全，从太古宇到新生界的主要地层单位均有出露。本区地层和岩石在华北地区具有典型性和代表性，并可与华北地区的其他地区对比。华北地台的古地理位置、岩相古地理、古生物学等方面，已经取得了比较成熟的认识，地层学、层序地层学方面的研究成果也较为丰富。发育了多套页岩地层（图3.10），尤其以中、新元古界的洪水庄组、下马岭组海相页岩和上古生界海陆过渡相页岩为典型，是认识华北地区页岩地层特征的天然实验室（图3.11）。北京西山页岩野外实训基地的建立（附录8），为研究认识页岩提供了条件。

图3.10　西山黑色页岩

图3.11　北京西山页岩实习（2013年）

北京西山及其邻区处于北北东向太行山山脉、近东西向燕山山脉和华北平原接壤地带，大地构造单元隶属于华北陆块燕山板内（陆内）构造带，自下而上有太古宇，中、新元古界，古生界和中、新生界。北京西山地区发育有多条不同时代和沉积相的页岩剖面，主要可分为元古宇（海相）、古生界（海陆过渡相）和中生界（陆相）等三大类。

1）北京市房山区霞云岭乡堂上村剖面：山西组表面风化严重，剖面未见顶底，颜色黑黄相间，主要发育黑色砂质页岩，部分为灰黑色砂质页岩与灰黑色粉砂岩互层。

2）北京市门头沟区书字岭村剖面：下马岭组三段表面风化严重，颜色黑黄相间，主要发育黑色灰质页岩，部分为灰黑色灰质页岩与灰白色、浅灰白色泥灰岩互层，整体是一套海相地层。

3）北京市大安乡曲曲涧天下第一坡剖面：龙门组为黑色粉砂质泥岩与块状砾岩互层；上窑坡组为灰黑色粉砂岩夹少量煤线；下窑坡组为灰色岩屑砂岩夹灰黑色细砂岩、粉砂岩、泥质板岩。

4）北京市周口店镇葫芦棚村村口剖面：清水涧组表面风化，主要发育肉红色变质砂岩、浅灰色大理岩、灰绿色片岩，部分为浅灰色结晶灰岩、准片岩，整体是一套浅海相地层。

5）北京市周口店镇黄山店村新红路旁剖面：颜色以浅灰色为主。铁岭组主要发育灰白色大理岩，下马岭组主要发育浅灰色、灰白色千枚岩，整体是一套浅海相地层。

6）北京市周口店镇车厂村公路旁剖面：窑坡组表面风化严重，颜色为黑灰色，新鲜面颜色呈深灰色，主要发育深灰色泥岩、浅灰色变质砂岩、煤层，部分为炭质泥岩，整体是一套滨湖相至湖泊相为主夹沼泽相地层。

（2）河北滦平野外实训基地

滦平盆地发育于渤海湾地区晚侏罗世—早白垩世成盆期，与同期的黄骅盆地、临清盆地等同属于渤海湾地区弧后伸展盆地分布区的中西部盆地群，同属裂陷盆地。该盆地群为地台型基底，晚侏罗世断陷弱，早白垩世断陷比较强烈，晚期拗陷范围小。主要考察北李营路线（考察盆缘断裂带和扇三角洲沉积体系）、王家沟路线（考察湖泊相沉积体系）、大屯路线（考察扇三角洲沉积体系）。

（3）北京延庆硅化木公园野外实训基地

野外实习重点包括硅化木公园中心区的辫状河及泛滥平原（河漫湖）沉积、公园北侧中生界与元古宇之间的边界断层及中生界冲积扇沉积、层间断层、穿窿、单斜、背斜及大型浪成波痕等构造及沉积现象的认识。

通过野外实地考察，使学生认识边界断层、冲积扇、辫状河的特征，认识断层、单斜、穿窿背斜等构造现象及滨浅海的沉积构造特点，为地下沉积、构造的解释奠定基础。

（4）北京西山下苇店野外实训基地

北京西山野外露头点位于华北板块北部元古宙末的吕梁运动形成的统一克拉通的北部露头区，属太行山脉，露头山脉走向北东，长约90km，宽约60km。主要考察新元古界景儿峪组与下寒武统昌平组不整合面、丁家滩村附近的109号国道附近的风暴沉积特征及永定河东边6号隧道附近的"菊花状"风暴岩。

3.3.2 室内（现实）教学实验室建设

在多维递进一体化穿越式实验室及实验体系思路指导下，作为中国地质大学（北京）的重点教学实验室之一，能源实验中心目前拥有北京市地质与资源勘查实验教学示范中心、地质资源勘查国家实验教学示范中心、能源地质与评价国家级虚拟仿真实验教学中心等平台，拥有7个野外实习实践基地、4个野外特色实训基地、10个教学实验平台、1个虚拟仿真实验教学中心及6个虚拟仿真系统，包括沉积、构造、成藏评价、开发、信息等多个方面，对能源地质课程体系进行了全覆盖。

采取科研促进教学模式，能源实验中心目前拥有30多台套自制教学仪器和设备，拥有一批处于良好运行状态的有机地球化学、储集物性分析、含油气量、油气田开发以及工作站机群等各类仪器设备，拥有各类解释、计算、模拟、预测、评价、虚拟等相关软件，基本满足了能源地质实验教学要求。

能源实验中心形成了以北京周边为主体实践对象的野外特色实训准备中心、以大学生课外开放为主题的自助式组合实验与研究中心、以实现穿越式实验教学为主的内部网络实验中心、以资源综合利用及实验方案改革为主要目的的实验室交流中心、以对外合作与交流为主要目的的实验室教育提高中心等多个实验教学、社会实践及对外开放中心与平台（图3.12）。

图 3.12　领域内专家莅临实验室现场进行观摩指导

3.3.3　虚拟仿真教学实验室建设

3.3.3.1　虚拟仿真实验功能及效果

能源地质与评价虚拟仿真实验中心建设围绕"实用性、原创性、导向性"开展，在软件设计和编制过程中强调了教学与生产的紧密结合，突出了理论与实践的实用性。虚拟仿真实验中心紧密结合自身科研特点，将科研成果、项目研究方法和手段以及特色思路和技术汇集成虚拟仿真软件方案，形成系列原创性思路和软件产品。在实验教学过程中，极大地提高了教学质量，产生了沉浸式教学效果。

在石油地质与勘探（含页岩气等非常规油气地质与成藏、勘探地质评价、油气资源评价等方向）、能源与环境地质（含煤层气等非常规油气地质与勘探、煤田地质与勘探评价以及油田环境等方向）、油气田开发工程（含钻井工程、储层改造以及提高采收率等方向）等领域内容教学过程中，运用大量实际素材，配合开展虚拟实验，仿真模拟地质过程和石油工程现场。根据实际地质条件和钻井工程现场，按需求配置虚拟仿真条件，完成从地质设计、工程施工到综合评价相应的系统模拟，从中获取对地质多样性的理解，掌握对石油工程复杂性的认识，形成系统逻辑、预测预判及场景再现，完成虚拟仿真教学实验任务。

虚拟仿真系统解决了能源地质教学实验高成本实现、难以实现、无法实现的一系列实验实训问题，推广应用极大地拓展了教学功能，强化了实验教学效果，在学生能力培养方面取得了一批显著成果。通过模块组合、场景设定和要求配置，能够从容实现"仿真地质游""漫步油气藏""鸟瞰虚拟井""翱翔非常规"等一系列虚拟仿真，满足了不同方面虚拟仿真实验的需求。在实践教学过程中，学生们积极参与、踊跃预约，形成了浓厚的积极参与意识，产生了积极反响，为相关企业和兄弟院校提供了虚拟仿真实验教学中心建设的参考模式。

3.3.3.2　虚拟仿真实验室建设现状

（1）持续投入，完善功能

能源地质与评价虚拟仿真实验教学中心坚持能源地质特色，在地质大数据建设、云处理分析、地质过程模拟、虚拟现实再造、石油工程仿真等方面研发并补充了大量教学软件和模块，形成了室内与室外、现实与虚拟、历史与现在、抽象与具体的结合配套，搭建了能源地质与评价虚拟仿真实验教学中心建设平台。

（2）坚持特色，稳步发展

虚拟地质过程及仿真物理模拟实现是中国地质大学（北京）实验室建设的重点内容，在强有力的科研支撑条件下获得了一系列自主知识产权，特别是在页岩气、煤层气、致密砂岩气及水合物等新能源领域取得了成藏机理、资源评价等重要进展，通过侧重加强抽象历史与虚拟现实过程的建设，集中发展并完善了包括从地面到地下、从现今到历史、从井孔到油藏、从常规到非常规、从可及到不可及、从虚拟到现实的地质过程虚拟仿真实验室建设，取得了"可望又可及"的实验教学明显效果。

（3）走进课堂，改善效果

平台建设特色与学校优势特点一致，极大地改善了教学条件并提高了教学效果。结合漫长地质过程、抽象机理认识、复杂流体运动、隐蔽油气分布、特殊技术工艺等学科方向特点，虚拟仿真实验室在建设期间开展了一系列相关教学实验活动，基础实验操作、地质历史回放、地下空间漫步及流体时空运动等一系列虚拟实验开始走进课堂，打破了能源地质领域实验教学的僵化局面。

（4）核心支撑，辐射影响

校企共建共享，核心技术不断成熟，核心竞争力不断提升，实验室成果和模式产生了重要的辐射和影响。作为地质资源勘查实验教学中心的核心支撑，能源地质与评价虚拟仿真实验教学中心已经在煤油气等能源领域的教学及科研工作中发挥了积极的支撑作用，并与国内外同行共享，在同领域产生了重要的辐射影响。

3.3.3.3 虚拟仿真实验项目

依托虚拟仿真实验系统，开设了覆盖盆地过程与构造解析、地层沉积与储层评价、有机地球化学与应用、油气成藏机理及预测、油气田开发与数值模拟、能源信息分析与评价等内容的虚拟仿真实验教学项目，其中设计型实验 11 项、创新型实验 6 项、综合型实验16 项。所开设虚拟仿真实验教学项目涵盖了野外地质虚拟、虚拟仪器操作、地质历史回放、石油工程现场仿真等各方面内容，既包括了数值模拟等自编软件，也包括了科研用大型软件。除课表课程外，还开设了用于能源地质科学普及、兴趣教育或科学研究的预约性开放实验项目十余项。虚拟仿真实验室目前承担着多个本科生专业课程的实验教学任务（表 3.4）。

表 3.4 实验项目与六大系统关系

序号	虚拟仿真系统	主要实验项目列举
1	虚拟空间	构造过程、剖面测制、断层封堵、孔隙结构、纳米孔隙重构、三维可视化等
2	虚拟过程	沉降史、地热史烃源岩评价、成岩作用、能量场、圈闭与油气藏、油气水分布等
3	虚拟仪器	等温吸附、现场解析、含气量测定、元素分析、原子发射与吸收、色谱–质谱等
4	虚拟再现	生烃与成藏、油气运移、数值模拟、油藏描述、渗流力学数值模拟、数据库等
5	地下漫步	沉积相、储层反演、地质空间可视化、地震信息解释、储层建模、剩余油模拟等
6	虚拟仿真	资源评价、非均质性、综合地质解释、钻井工程、油气田流体分布等

3.3.4 合作研究基地

在 1997—2012 年期间，中国地质大学（北京）能源学院采取"自愿共建、互惠共享"的思路和原则，分别与中国石化胜利油田、中国石化中原油田、中国石油辽河油田、哈里伯顿公司（美国）、国土资源部油气资源战略研究中心、延长油矿等 10 余家单位和企业建立了长期的互信合作关系，合作共建了教学实践基地，为能源地质与评价实验教学提供了能源地质、开发与评价教学实习和实验的实体模型，建立了野外空间场景，有效地缓解了实习实验资源不足的紧张状况，解决了地下地质和钻井工程等课程实验教学中的现实难题，奠定了能源地质与评价虚拟实验室发展的强有力支撑基础。

（1）中国石化胜利油田

胜利油田主体位于山东省东营市，工作区域分布在山东东营、滨州、德州等 8 个市的28 个县（区），在新疆准噶尔、青海柴达木、甘肃敦煌等盆地也有作业区块。胜利油田自

1961 年发现以来，连年创造了一系列佳绩，包括当时全国日产原油量最高的油井（营 2 井产 555 t/d 原油，1962）、全国第一口千吨井（坨 11 井产 1134 t/d 高产油流，1965）、历史上的中国第二大油田（1978 开始的 1946×10⁴ t 原油年生产能力）、3355×10⁴ t 原油年产量的历史记录（1991）、中国第一个百万吨级浅海油田（1993）等。现今又领先页岩油气等新能源开发，建设了大型地质实物模型。

1997 年，中国地质大学（北京）与胜利油田孤岛采油厂达成了共建本科生实习基地的协议。2002 年，中国地质大学（北京）与胜利油田双方正式签订了共建产学研基地的协议，开始了校企合作、产学研基地共建历程。十余年来，每年均有矿产普查与勘探、油气田开发工程等专业的本科生前往进行现场实习。

经过十余年的共同努力，建成了多层次（本、硕、博）、多功能（本科教学实习、研究生论文、工程硕士办学点和教师科研）的实践教学基地和人才培养基地，为大学生提供了地质景观、钻井及压裂现场实景原型（图 3.13）。2009 年，胜利油田产学研基地成为"北京市高等学校市级校外人才培养基地"。

图 3.13　胜利油田孤岛采油厂生产实习基地现场教学（测试施工及动液面）

（2）中国石化中原油田

中原油田主要从事石油天然气勘探开发和工程技术服务等业务，主要勘探开发区域包括东濮凹陷、川东北普光气田和内蒙古探区。东濮凹陷曾是我国中原地区油气生产的一颗明珠，是典型的小而肥凹陷之一，年增探明油气地质储量 1000×10⁴ t 以上，年产 300×10⁴ t 油气当量。普光气田位于川东北，探明天然气地质储量 4122×10⁸ m³，是国内迄今规模最大、丰度最高的海相碳酸盐岩高含 H_2S、CO_2 大气田，于 2010 年 6 月全面投产，共建成 39 口开发井、16 座集气站、6 套净化联合装置和硫黄外输铁路专用线，形成年产 100×10⁸ m³ 天然气生产能力、120×10⁸ m³ 净化能力和 240×10⁴ t 硫黄生产能力。2011 年生产天然气 80.49×10⁸ m³、硫黄 160×10⁴ t，是全国最大的硫黄生产基地。中原油田坚持"走出去"

发展战略，目前有 400 多支队伍在国内 20 多个省（市）、自治区进行工程技术服务，120 多支队伍在海外 12 个国家作业，呈现出以钻井为龙头，物探、录井、井下作业、地面工程一体化发展的局面。

2004 年，中原油田与中国地质大学（北京）联合共建产学研基地，中原油田为中国地质大学（北京）能源学院学生免费提供在基地实习期间的各种便利，安排场景实习、动手操作平台和实验基础条件，提供教师科研合作机会，就生产中遇到的问题进行科学研究。10 多年来，每年均接待地质工程、油气井工程、油气田开发工程等专业的本科生进行专业实习（图 3.14）。

图 3.14　中原油田生产实习基地现场实践教学（观察钻井液的流动）

通过合作，中原油田为能源实验中心提供了油气开发评价、油气钻井等方面的大型工程原型，丰富了能源地质与评价实验教学中心的实践内容，建成了本-硕-博多层次联合人才培养基地，成为了本科教学实习、研究生论文实践基地，建成了工程硕士联合办学点。

（3）中国石油辽河油田

辽河油田是全国最大的稠油、高凝油生产基地。地跨辽宁省、内蒙古自治区的 13 个市（地）、35 个县（旗）。年原油生产能力 1000×10^4 t，天然气生产能力 8×10^8 m³，形成了油气核心业务突出，工程技术、工程建设、燃气利用、多种经营、矿区服务等各项业务协调发展的格局。辽河油田从 1970 年开始大规模勘探开发建设，1986 年生产原油突破 1000×10^4 t，成为全国第三大油田；1995 年原油产量达到 1552×10^4 t，创历史最高水平。累计生产原油超过 4×10^8 t、天然气 800×10^8 m³，连续 27 年保持千万吨以上高产稳产，为国家经济建设和中国石油工业发展做出了突出贡献。

中国地质大学（北京）与辽河油田于 2007 年在辽河油田签订了产学研基地共建协议。辽河油田除提供能源学院学生实习实验基础条件和实际场景空间和地质、工程地质原型外，还以辽河油田实际地质问题为基础，设立科学研究命题，提供稠油、特殊地质标本及其他良好合作条件，与能源实验中心师生开展联合科技攻关，共建非常规油气专题实验室。

通过教研与科研领域的系统合作，目前已建成了以地质工程、地球化学、油气井工程、古生物与地层学、油气田开发等专业本科生为主体，以产学研全面合作为特点，以教研和科研同时推进为目的的人才培养基地（图3.15）。实验教学中心教师和油田工程师最早对我国页岩气等非常规油气开展了系统的理论研究和实践研究，是卓越工程师计划人才培养的落地单位。

图3.15 辽河油田生产实习基地现场教学（固井流程）

（4）自然资源部油气资源战略研究中心

自然资源部（原国土资源部）油气资源战略研究中心是进行油气资源战略研究，为政府调查、决策和宏观调控与管理油气资源提供咨询服务的国土资源部直属事业单位。主要开展油气资源发展战略和对策研究，组织分析论证我国油气资源战略远景选区工作，组织国家级油气资源数据库和管理系统的建设，汇总全国油气资源的资源数据与管理数据，开展国内外油气资源管理和科技发展、市场动态等综合及专项研究工作，开展与油气资源规划和管理相关的国内外交流与合作研究，为政府决策提供科学依据。

中国地质大学（北京）2011年与国土资源部油气资源战略研究中心联合签署协议共建页岩气研究基地，国土资源部油气资源战略研究中心负责提供实验实习场所和技术条件保障，中国地质大学（北京）在接受研究工作任务的同时，配合油气资源战略研究中心开展全国相关专业人员的技术培训，进一步扩大受益人群覆盖面。

国土资源部油气资源战略研究中心与中国地质大学（北京）联合共建的页岩气研究基地，是我国页岩气研究与实践的重要基地。能源实验中心教师在技术上支撑油气资源战略研究中心完成了我国页岩气资源评价，联合主办了页岩气国际学术研讨会（2011），联合开展了多次全国页岩气专业技术人员培训，共同获得了国土资源部科技成果一等奖（2014），取得了显著的社会效果。

（5）陕西延长石油集团

陕西延长石油集团是我国拥有石油和天然气勘探开发资质的四大企业之一，也是集石油、天然气、煤炭、岩盐等多种资源为一体的综合开发、深度转化、高效利用的大型能源化工企业，总资产2100亿元，是我国西部地区唯一的一个世界500强企业。该集团已形成油气探采、加工、储运、销售，以及矿业、新能源与装备制造、工程设计与建设、技术研发、金融服务等专业板块，设有18个全资或控股子公司、4个参股公司、50多个生产经营单位。拥有延长石油国际、兴化股份和延长化建等3个上市公司。

2011年与中国地质大学（北京）共建页岩气人才培养基地，并就现场实验技术和实验室共建问题签订了合作协议，陕西延长石油集团（延长油矿）负责承担野外实习场地、现场技术和设备条件的实时支持（包括实习、实验及社会实践），中国地质大学（北京）负责承担技术升级和人才培养。除为陕西延长石油集团进行专业技术人员在岗培训外，还采用双导师制为其进行订单式人才培养和优秀人才优先输送，有深度的稳固合作对虚拟实验室的建设产生了直接的推进作用。

到目前为止，中国地质大学（北京）已为陕西延长石油集团定制培养了矿产普查与勘探专业新能源方向的本科生，联合完成陆相页岩气等新方向、新领域的先期探索研究，更全面的教研和科研合作正在进一步系统开展。

（6）华油能源集团有限公司

总部位于北京的华油能源集团有限公司（SPT Energy Group Inc.）是领先的国际化综合性油田服务集团。始创于1993年，华油能源集团始终致力于通过先进的工艺技术和优质的工具产品，解决石油天然气勘探开发过程中的各种问题，以提高勘探开发效率、降低生产成本。通过20多年的发展，华油能源集团有限公司已成为一家集油藏研究、方案设计、作业服务、工具制造为一体的全球综合性油田工程技术服务供应商。华油能源集团有限公司已分别在北京、天津、陕西、四川、重庆、新疆等国内主要油气产区设立了分支机构和研发制造中心。同时，华油能源集团有限公司还大力拓展海外业务，在中亚的哈萨克斯坦、土库曼斯坦、乌兹别克斯坦，中东的阿联酋，东南亚的印度尼西亚，北美的美国、加拿大，以及非洲的乌干达等海外国家和地区设立了分支机构和研发制造中心，并在当地建成了若干现代化作业基地，已形成覆盖全球的综合性油田服务网络体系。

2014年，华油能源集团公司与中国地质大学（北京）签订油气地质与工程研究中心共建协议，以进行地质工程、油气井工程、油气田开发工程等专业的人才培养，无偿为学校提供总值870万元的现场作业成套设备和新型生产器具，免费将现场作业搬进学校课堂并提供国外现场作业技术资源。

（7）美国哈里伯顿公司

哈里伯顿公司（Halliburton Company）成立于1919年，是世界上最大的为能源行业提供产品及服务的供应商之一，在全球70多个国家均有业务分布，为100多个国家的国家石油公司、跨国石油公司和服务公司提供钻井、完井设备、井下和地面生产设备、油田建设、地层评价和增产服务。90多年来，在设计、制造和供应可靠的产品和能源服务方面一直居于工业界的领先地位。

哈里伯顿公司 2010 年与能源实验中心签订协议并以中国地质大学（北京）为依托共建了地学软件研发中心，按机赠予学校 Landmark 工作站全套地学软件，包括地球物理解释、地震反演、人机互动、地下空间漫步等完整的 Landmark 系列软件，形成了当时亚洲地区最大的 Landmark 软件开发机群。

Landmark 系列软件强有力地支撑了地球探测与信息技术、矿产普查与勘探地质工程、构造地质学等专业的人才培养，支撑了层序地层学、地球物理勘探、地震解释与处理、开发工程数值模拟以及空间信息系统等课程，资助中国地质大学（北京）学生开展地学软件开发活动（使用、培训、编程等），在此基础上建设的虚拟实验室极大地提高了学生实验实习积极性和主动性，教学实验效果明显提高。共建的地学软件研发中心目前是能源实验中心最活跃的实验场所之一。

目前已在中国地质大学（北京）建成油气地质与工程研究中心，已联合举行多次大型学术活动并与美国天然气技术研究所（GTI）开展页岩气等非常规技术系列培训，极大地调动了学生的动手热情和专业兴趣。

上述企业和单位不同程度地参与到了地质资源勘查实验教学中心和能源地质与评价虚拟实验教学中心的建设之中，为实验室建设无偿提供了相关的技术资料、模型模具、仪器设备、软件及管理经验，免费进行软件升级与维护，强有力地支撑了虚拟实验室建设，支持了能源地质矿产领域的教学实习和实验。能源中心教师与企业专家联手互动，相互关联，打造了一个和谐、求真、上进的联合团队。

除上述所列之外，中国地质大学（北京）（能源实验中心）还与中国石油华北油田公司、中国石油大庆油田、河南省地质调查院、河北煤田研究院等单位建立了长期稳固的战略合作关系，与德国地学研究中心、美国密苏里理工科技大学、加拿大卡尔加里大学、美国哥伦比亚大学、澳大利亚昆士兰大学、美国犹他大学、美国图尔萨大学等建立了长期友好合作关系。每年教师出国和邀请国外学者进行学术交流达数十人次。先后主办或联合主办了页岩气国际学术研讨会（2011）、国际层序地层学研讨会（2011）、第 376 次香山科学会议（2010）等国际性和高端性学术会议（图 3.16）。

在联合人才培养、野外地质实习、资源共建共享、科学技术攻关、技术交流与合作等方面开展了一系列有意义的尝试和探讨。特别是，不同石油公司向中国地质大学（北京）提供了油藏数值模拟软件、资源评价与计算软件、图形图像软件、虚拟实现软件，补充了学校实验资源的不足，产生了良好的教学实验及社会实践效果。

3.3.5　穿越式实验体系建设成效

（1）时间和空间穿越

虚拟现实技术能将三维空间的意念清楚地表示出来，能使学习者直接、自然地与虚拟环境中的各种对象进行交互作用，并通过多种形式参与到事件的发展变化过程中，从而获得最大的控制和操作整个环境的自由度。这种呈现多维度信息的虚拟学习和培训环境，将为参与者以最直观、最有效的方式掌握一门新知识、新技能提供前所未有的新途径。能源实验中心以北京西山页岩基地为基础模型设计了能够充分满足虚拟交互要求的西山地质漫游系统，主要从三维地质建模和构建三维仿真环境两个方面来考虑。即在计算机中，按实际的尺寸及比例将环境中主要的山体模型建造起来，构成一

第376次香山科学会议 　　　　　　页岩气国际学术研讨会

国际层序地层学研讨会 　　　　　　深部地热系统国际研讨会

图 3.16 实验教学中心主办或联合主办的有社会影响力的学术会议

个虚拟场景,包括山体、地表岩石、地下岩层、压裂油气层以及其他主要视觉模型等。然后构建三维仿真环境,即完成对三维仿真控制的设计,对虚拟环境中的人物进行各种操作、漫游方式的设定和实现。

能源地质研究与评价的主体对象深埋地下难以触及,研究及实验难以"身临其境",具有地质过程复杂、时空关系复杂、油气成藏机理复杂、矿产分布复杂、地质评价要求复杂、开发工艺复杂等特点,在野外和实验室有限的物理空间内"难以地质再现"。基于这6个"复杂",在实验教学中心建设过程中强化了多维递进一体化穿越式实验体系及实验室建设,侧重在贵重仪器的使用(虚拟仪器)、地质时空概念和方法的建立(虚拟空间)、地质过程与油气成藏(虚拟过程)、能源矿产分布及预测(地下空间漫步)、地质资源评价(地质过程的虚拟再现)、钻井与油气开采工程(虚拟现实和仿真)等方面进行了实验室重点建设,体现了地质复杂特点与虚拟现实有机的紧密结合(图3.17,图3.18)。

(2)实验内容穿越

室内教学实验室拥有各类教学仪器设备,主要包括盆地过程与构造解析、地层沉积与储层评价、有机地球化学与应用、油气成藏机理与预测、油气田开发与数值模拟、能源信息分析与评价等9类教学仪器设备,能够完成各种地质现实、物理模拟和虚拟仿真实验。目前已在实验教学的技术思路、硬件设施、软件开发及特色实验项目开发等方面形成强劲发展势头,实现了各实验室基础设施、主要仪器及实验分析的配套发展。

非常规油气(尤其是页岩油气)在近年来受到前所未有的重视和投入,政府、高校、

图 3.17　地质时空穿越虚拟仿真截取画面

图 3.18　地下漫步虚拟仿真截取画面

石油公司及其他民营公司都参与到页岩油气的勘探和开发潮流之中，可以预见在未来的 5
～10 年内，油气资源的巨大需求使得页岩油气的长期发展具有长远和不可改变的迫切需
求。以页岩油气来说，页岩既是烃源岩又是储集层，对页岩资源的了解必须对其地球化
学、岩石学、岩石物理等方面的性质有清晰的了解。为了形成对页岩油气系统的理解和认
识，实验过程就会涉及项目多、实验细节就会要求深，对实验测试的动手能力要求非常
高，实验过程中的内容相互穿越就显得非常必要。

　　基于上述特点，能源实验中心在已有的实验条件基础上，开发了一系列新的教学仪器，
开设了一系列相互交叉融合的实验项目，实现了不同测试方法、实验项目之间的内容穿越。

　　页岩作为烃源岩的实验技术已较为成熟，但页岩地层作为储层其实验技术亟待在原有
常规实验技术的基础上得到改进和完善。页岩层物性致密、含气量不易准确及时测定、地
层流体敏感性偏强，针对页岩储层的特殊性，常规储层实验技术需要改进。针对页岩物性

致密的特点，采用脉冲式岩石孔隙度、渗透率测试和氩离子抛光处理岩样，使测试精确度极大提升，满足了页岩孔渗测试需要；针对页岩气含气量测定的及时性及准确性需要，采用页岩气含气量现场快速测定仪、等温吸附法和测井解释法综合确定页岩含气量；针对页岩气压裂开发方式，测试页岩单轴及三轴抗压强度、声发射及其他力学参数，建立人工裂缝模拟模型，指导页岩气开发过程中的各种参数控制。

实验室突出针对页岩测试的各个环节，首先建立了页岩测试体系（表3.5），具体包括页岩有机质分析、岩石物理分析、含气性分析等3个系列，构成了完整而系统的页岩油气测试体系。页岩有机质分析包括有机碳含量（TOC，碳硫分析仪）、显微组分与镜质体反射率测定（油浸物镜）、岩石热解仪（ROCK-Eval）、反映有机质热演化产物的高温高压热模拟实验；岩石物理分析包括孔隙体积、比表面分析仪（低温 N_2 吸附）、高压压汞等实验；含气性分析包括解吸气、残余气与损失气的测量。为了完成上述实验，实验室开发了具有完全自主知识产权的含油气量测定仪器。

表3.5　页岩气相关实验测试体系

分类	测试内容		参考测试项目	备注
岩石学	微观结构		岩石薄片制作及观察	
			扫描电镜分析	
			岩石结构特征测定	
	矿物分析		泥页岩样品电子探针分析	
			X 衍射全岩分析和黏土矿物分析	
			QEMSCAN 矿物分析	
	页岩流体敏感性		速敏、水敏、酸敏、碱敏、压敏分析	
	综合		岩心描述	
岩石力学性质	岩石力学性质		应力-应变特征测试	
			岩石单轴抗压强度试验	
			岩石三轴抗压强度试验	
			声发射测试	
岩石物理性质	脉冲式岩石孔隙度、渗透率			
	氩离子抛光处理样品表面			
	背散射电子成像			
	比表面积			
	压汞和比表面联合测定微孔结构			
地球化学	有机地球化学	源岩地球化学	有机碳含量	
			有机成熟度或镜质体反射率	
			干酪根显微组分及类型	
			岩石热解	
		油气地球化学	天然气组分分析	
			同位素分析	
			微量油分析	

分类	测试内容		参考测试项目	备注
地球化学	无机化学	定年	K-Ar同位素测年	
			流体包裹体、铷锶同位素	
		水分析	泥页岩含水率测定	
			页岩水阴阳离子及微量元素	
		岩石成分	泥页岩中碳酸盐含量	
			页岩元素化学分析	
含气量	现场测定		解吸气	自主研发
			损失气	
			残余气	
	室内实验测定		等温吸附	
			测井计算	
含油率			含油率	自主研发

油砂、油页岩及位于生油窗-湿气窗范围的页岩是目前非常规油气勘探的几种重要类型，都涉及含油率这一核心参数。含油率的准确、快速和便捷获取是工业界的迫切需求。同时，该参数的深入了解涉及学生对岩石热解、低温干酪的相关基本理论的掌握和应用，包括对人工催化工程的了解都具有重要促进作用。能源实验中心设计研制的岩石含油率测定仪耐受高温性良好、安全性好、精度高，温度可控性强，方便根据不同目的进行温度设计，适用于多种非常规油气资源含油气性的测定，可拓展性强，有力地支持了多门课程实验学习，教学效果显著，同时可以为大学生课外科技研究或者相关科技人员提供测试手段，具有良好的社会效益。

（3）实验方法穿越

油气地质勘探是实践性很强的学科，需要大量实践教学内容的支撑，才能达到使学生掌握相关知识的目的。对油气地质专业而言，大部分的研究对象深埋地下，需要通过直接或间接的手段，才能将地下油藏特征描述清楚。因此，学生不仅需要野外露头特征认识，还需要根据钻、测井资料能够判别沉积相及其特征。因此，构筑能源地质的实验室、野外露头-岩心、测井分析三位一体的实践教学内容，是学生认识地下油藏特征的必由之路。

能源实验中心初步具备了计算机、网络系统、虚拟现实系统、数据集成共享、滚动和智能化建模能力以及各种勘探开发应用软件，通过对各种数据资源、软件资源和设备资源进行整合，能够建立以三维可视化中心为平台，以各种勘探开发软硬件为手段，以虚拟现实实现为目标并配备完善数据的综合性虚拟仿真实验应用系统。为保证三维可视化中心多种应用模式集成的实现，能源地质与评价虚拟仿真实验中心配备了强大的计算机软硬件条件，包括由70台计算机和60台图形工作站构成的4个计算机阵列、由280台计算机和移动计算机组成的计算机组群、1台Sun StorEdge磁带库、3台数据库和数模并行计算服务器、2台磁盘阵列存储服务器等，图形服务器采用Onxy350、16CPU、32G内存、2T硬盘和 3 个图形通道的配置。目前拥有总价值 1.9 亿元的六大类地质评价与开发工程教学专业软件 202 套，形成了以页岩气、煤层气等为代表的非常规油气实验测试虚拟、以盆地再现为代表的地质过程虚拟、以技术评价为代表的石油工程现场虚拟和以地下空间漫步为代表的能源地质与评价特色仿真技术教学系列。

中国地质大学（北京）的校园网属于中国教育网，可快速访问国际网络。虚拟实验教学系统通过网络进行连接和管理，校园网络发达，出口总带宽达到 1.75G，除宽带实现了校园 100% 连接以外，无线网络也实现了教学区 100% 覆盖。同时，各个教学楼、办公楼、科研楼都配置了千兆网络设备，瞬时下载速度达到 1G/s，为虚拟仿真实验教学系统的广泛应用铺设了良好通道，基本满足了不同实验方式、方法及时间空间穿越式实验教学的需求，可直接用于不同场地、不同实验方法之间的及时穿越。

（4）实验方式穿越

实验室能够将课堂、实验室、野外、现场等不同现场和条件的相关实验进行关联式穿越，满足多种条件下的实验室资源共享。其中，大学生课外科技活动涉及面广，时间和空间难以固定，具有较强的代表性。

大学生科技创新是培养与锻炼学生知识综合应用能力的良好途径，也是学生逐步了解社会、认识科研的良好载体。为了进一步拓展多维递进一体化穿越式实验体系的实验功能，我们强化了大学生课外实验与实践体系。

大学生科技创新项目包括自主申报项目、双向选修项目、竞标项目等。科研实验室每年为大学生提供一定数量的科技创新项目，大学生可以每年申请创新创业训练计划项目，分为创新性实验计划项目、教学实验室开放项目、大学生创业训练项目与资源勘查国家级实验教学示范中心开放基金等类型（表 3.6）。每个类型分为国家级、北京市级及学校等级别，资助力度 5000~20000 元不等，有力地促进培养了大学生的动手能力和创新能力，每年有 30 多个项目获得批准，参与大学生 100 人左右。

表 3.6　大学生创新创业训练计划项目资助平台

序号	资助项目类型	项目类别编号	级别	资助力度
1	创新性实验计划项目	A	国家级	10000 元
			北京市级	10000 元
			校级	5000 元
2	教学实验室开放项目	B	国家级	10000 元
			北京市级	10000 元
			校级	5000 元
3	大学生创业训练项目	C	国家级	10000 元
			北京市级	10000 元
			校级	3000~5000 元
4	资源勘查国家级实验教学示范中心开放基金	重点实验室开放基金	校级	2700~5000 元

3.4 特色创新

长期的历史沉淀与现代的模式有机地完美结合，赋予了能源实验中心不可替代的作用并造就了她独有的一体化特色。

1）学术上——勘探开发一体化：紧密配合特色教学建设，积极推行勘探开发一体化发展模式，在理念规划、思路发展及配套条件等方面都形成了勘探开发一体化的实验室内教学特色。

2）内容上——室内野外一体化：将室内实验与野外研究相结合，积极拓展第二实验室（滦河现代沉积、滦平盆地中生界湖相沉积及华北油田地下岩心库和胜利油田、中原油田及辽河油田3个生产实习与实验基地），形成了对室内实验室强有力的补充。

3）模式上——产学研结合一体化：以实验中心为平台、以实验教学为纽带、以教学效果为标准，通过多途径、多渠道、多方式的实验教学，将理论教学与科研生产有机地结合在一起，走出了一条具有能源特色的产学研一体化能源实验中心发展道路。

4）运行上——建设管理使用一体化：充分发扬能源人的集体主义精神，实施一体化管理模式，在形式和内容上实现了各专业方向汇聚于能源实验中心、教学与科研实验室聚焦于共同发展目标，形成了所有能源人共同关注学科建设的新格局。

3.4.1 能源地质穿越式实验教学体系特色

能源地质与评价虚拟仿真实验教学中心建设紧密围绕能源地质、石油工程及系统地质评价的学科专业特点，强化抽象地质逻辑与过程再现之间的关联，填补了野外地质与虚拟仿真实现中间环节的空白，使野外存在-微缩景观-抽象虚拟-仿真实现的教学实验脉络更加清晰，在虚拟仿真实验教学中心建设过程中逐渐形成了鲜明的自身特点。

（1）就地取材，系统地建成了教学实验标本库

基于对非常规油气地质与评价研究的历史积淀，能源地质与评价虚拟仿真实验教学中心建立了地质模型标本库，为虚拟仿真实验建立了感观认识的基础。主要包括典型标本、样品及相应的成套资料等，也包括变质岩、火成岩、沉积岩等三大岩石类型264块典型手标本、26块不同牌号（煤阶）煤岩/炭样本、16种珍贵黏土矿物样本、8个不同类型实物钻头、国内外20个不同地区油砂-油页岩-典型页岩样品、一批不同类型和产地原油-地层水样品以及古生物、特殊地质现象样品等。岩石标本还包括我国页岩气发现井（渝页1井）全部岩心、贵州省第一口压裂试验井（岑页1井）等5口早期有代表页岩气井的完整岩心，均为我国具有划时代意义的珍贵样品，建成了中国首个页岩气岩心教学标本库。此外，还积累并保存了一批诸如干酪根纤维组分经典照片、页岩纳米孔隙经典照片等珍贵资料。

（2）发明创造，研制了一系列适应学科发展的新型教学仪器

将科学实验研究与教学实验紧密结合，研制一系列符合本学科特点的实验教学新仪器，满足了人才培养需要。实验教学内容紧扣常规及非常规油气地质勘探与开发主要学科内容，在包括常规石油勘探所需要的石油地质、沉积学、构造地质等科学内容之外，以非常规油气为显著特色，涵盖了页岩油气、致密油气、煤层气、水合物等不同类型非常规油

气的关键内容，形成学科全、非常规油气特色鲜明的显著特点。按照地质过程原理和油气田开发特点，试制/研发了一系列适用于学科新的发展方向的教学实验仪器和设备，研制了一批微缩地质景观、微缩地质模型及微缩现场作业实物模型，为虚拟仿真实验提供了直观的实物原型，为多维一体化穿越式实验室建设奠定了素材基础。

（3）多维递进，满足大学生知识增长及实验能力提升的空间需求

实验室仪器初步形成体系化、多学科、高中低设备搭配、特色鲜明的特点。针对页岩气、煤层气实验，初步形成了涵盖生烃、储层特征和开发评价的整套体系化设备；可以测试地球化学、岩石学、岩石物理、岩石力学等多学科、多种参数的实验设备；既可以满足高端高精度高分辨率的精细研究，也有适合于基本理论学习和实践联系的学生使用的教学普通设备。根据不同课程特点和不同年级学生素质培养差异，实验课程的设置和安排灵活多样，既有单项式实验教学，又有课题式多项实验组合教学；既有以老师演示为主的体验式实验（小组体验），又有个人实际动手实验（确保每个同学能动手操作）；既有实际的测试分析实验（实际操作），又有虚拟仿真式实验（进入虚拟空间，浸入式了解和掌握3D地质空间特征与地质知识）。

（4）随心"所欲"，实现穿越

主要基于校园内网络进行虚拟仿真实验，可以在线对话、通过网络登录、电话联络等方式进行预约。强大的校园内网络覆盖无死角、安全无漏洞、迅及无障碍，保障了能源地质与评价虚拟仿真实验教学中心开放的畅通，使校园内随机随地、无时无刻实现了通畅服务。通过虚拟实现，将大型设备、高精尖装备和空间占有量大的批量仪器植入计算机进行虚拟，中途可实现对整机或各部件的随意拆解和安装。学生可在原理掌握和系统认识基础上进一步改变仪器设计、改装仪器组构、增加新的测试功能；也可以随时进行"仿真地质游""漫步油气藏""翱翔非常规"。

实验方式除了常规的参观、动手实验之外，通过虚拟仿真实验产生一种如同"身临其境"的三维空间环境，而且操作者能够进入该地质环境，操作者可以沿地层横向追踪，在三维空间上自由穿行和探索；也可以穿越时间，从现代走入古老的地质历史时期，直接观测和参与该环境中事物的变化与相互作用。通过虚拟交互式的教学应用，提供了生动活泼的直观形象，展现学生不能直接观察到的事物，理解和学习到知识点。学生的思维、情感和行为等多方面都被调动起来，成为虚拟环境中的一名参与者，在虚拟环境中扮演一个角色，这对调动学生的学习积极性，突破教学的重点、难点，培养学生的技能都起到了积极的作用。

（5）以专业发展为本，一体化构建穿越式教学

作为流体矿产，石油与天然气在地下具有极强的运移能力，对其开展地质评价和分布预测具有多方面的不确定性。运用地质存在、模型微缩、过程虚拟、场景再造以及仿真表达等手段和方法，既能增强对抽象地质过程的直观理解和认识，又能节约时间、空间和资金，极大地改善教学效果。结合本专业特点，按照虚拟与现实相结合的原则和思路，将野外地质与井下地质相结合实现景观再造，将地质过程与现实存在相结合实现地质历史恢复，将实验测试与虚拟实验相结合实现缩时降耗，将物理模拟与虚拟实现相结合实现地质过程回溯，将石油工程与场景仿真相结合实现身临其境。

地质发展历史漫长，煤油气成藏富集跨越时间尺度大，能源地质历史复杂。同时，含

煤油气盆地空间分布范围大，能源富集空间随机性强。油气能源矿产一般深埋于地下数千米，其赋存方式、温压应力场、物理相态及非均质性形态等难以直接触及。通过虚拟手段进行地质过程回放，建立"时空隧道"，能够实现将今论古的时空"穿越"，在大跨度变化的时间和空间域中进行地质历史和过程的重建。通过虚拟仿真技术的实现，地质人员可以直接"遁入"地下、"观看"地层、"穿梭"钻井，实现"漫步"地下、"进入"油层、"翱翔"油藏的愿望。

穿越式教学，结合中国地质大学（北京）的特色元素，秉承能源地质传统优势并强化地质评价特色，在常规煤油气等能源地质基础上突出页岩气、煤层气等新能源类型和非常规领域地质评价特色，采取多种计算机技术和虚拟手段，将先进的虚拟仿真技术应用在全领域的教学环节中。根植能源地质学基本概念，重建跨越数亿年的地质时空"隧道"，"遁入"地下查看油气成藏，完成地下"漫步"巡查油气分布，"鸟瞰"地质景观并植入式体验石油工程场景，实现对难接近、不可及、非"现实"能源地质、工程与评价的快乐学习，产生沉浸式的轻松学习效果。

3.4.2 能源地质穿越式实验教学体系创新

能源地质要求着重培养油、气、煤等领域从资源调查、工程实施到开发评价等领域的系统化专业技术人才，需要时间、空间、过程、机理等各方面知识的系统交融与贯通。传统的能源地质实验教学均主要以野外现场观测和实验室内测试为核心，各部分实验教学内容彼此孤立、相互割裂，难以达到融会贯通、触类旁通的效果，与现今的高科技条件下的现代教学目标严重脱节，难以满足人才培养和实际生产的需要。

（1）提出穿越式能源地质实验教学理念

能源地质学具有时间漫长、空间巨大、过程复杂、抽象性强等一系列特殊性，穿越式教学采用由表及里、由浅入深、由感性到理性的知识学习与理论掌握技术。能源地质与评价虚拟仿真实验教学中心在建设思路上将野外地质原型、室内物理模型、虚拟仿真技术三者有机地结合在一起，这一建设思路和技术实现方法上的创新易于产生快速入门、迅速提高、充分掌握的实验效果，极大地缩短了地质概念认识与地质原理理解时间，有益于高层次、高水平地质技术人才培养质量的系统提升。

突破传统能源地质领域中的定式思维，率先引入页岩气、煤层气等非常规教研和科研成果，扩大了虚拟实验教研内容和实验室发展空间。结合自身科学研究特点，将科研成果、仪器发明及著作权软件等及时应用于虚拟仿真教学实验过程中，创新性地将非常规油气地质与成藏研究内容巧妙地融入虚拟仿真实验教学中心建设的内容中，在将地质与开发完美结合的同时，实现了常规与非常规油气的结合。利用虚拟仿真这一"平民化"的实验方法和技术，将野外场景室内化、地质原型微缩化、科研仪器虚拟化、虚拟仿真现实化，节约了实验成本，提高了实验水平，拓展了实验能力。

在能源地质教学目标要求及实验教学发展方向分析基础上，结合中国地质大学（北京）的传统地学优势和能源地质对时空域及其变化概念的特殊要求，探索了能源地质实验教学特色实验室建设思路、方案及实现途径。根据能源地质学特点和能源地质实验教学的特殊性，提出了多专业方向交融、跨越时间域和空间域的穿越式实验教学理念，制定了穿越式实验教学方案、相应的实验教学体系、特色实验室建设方案等一系列具体措施，使这一理念贯穿于能源地质实验教学过程中，构架了多维一体化实验室及实验方案建设体系。实现了科学实验方法与教学实验手段之间的并行互通。开辟了多种实验途径和方法，增加了专业教学实验室数量和教学实验容量，增大了实验课程数量和实验项目总数，使开设实验的专业课程达到了93%，其中的设计性和综合性实验项目占总实验项目数的86%。经过十余年的教学实践检验，系统解决了教学实验内容单调、实验室容纳空间不足、科研实验与教学实验冲突等系列矛盾，效果显著。

（2）构建并成功运行了多维递进一体化实验室

从勘探到开发，专家领域跨度大、覆盖广，采用现实手法进行人才培养周期长、见效慢。虚拟仿真技术将不可"再现"的历史、不可"压缩"的时间、不可"触及"的地下、不可"把握"的地质时空、不可"预见"的地质变化以及不可"小觑"的开发工程等难以实现、不可实现的抽象过程虚拟现实化，不仅实现了多个"不可能"，而且还极大地缩短了时间、降低了成本、提高了效果。创造性地采用虚拟仿真技术进行勘探开发复合型人才培养，加快了人才培养速度。在未有参考借鉴、摸索前进的地质类虚拟仿真实验教学中心建设方面，突出能源地质特色，将地质过程、能源矿产地质、工程开发技术及综合评价一体化系统建设思路创新性地融入中心建设过程中，突出了地史过程－地质结果－钻井开发相互之间的内在联系，有益于建立能源矿产地质各课程及各学科之间的系统关联，综合提高了课程教学及虚拟仿真实验效果。

紧密结合能源地质对时空域及其变化概念的特殊要求，探索了能源地质实验教学特色实验室建设思路、方案及实现途径，构建了系列化专业教学实验室、野外教学实践基地及虚拟仿真教学实验中心等多维递进一体化实验体系。实施并逐步建成了系列专业教学实验室、野外教学实践基地、虚拟仿真教学实验中心等多维递进一体化实验室。打通了各专业实验室故步自封的构架体系并实现了交融贯通，将构造地质、沉积地质、地球化学、储层物理、成藏机理、油气工程及开发评价等专业实验室形成一条龙配套平台。将实习基地、观察基地及实践基地等野外实验室形成系列化配套外延，联通了教室、实验室、野外实习基地、观察研究基地与生产实践现场，将现实模型、数值模拟、虚拟仿真及现场实际等融为一体，实现了地质标本、现实模型、数值模拟及虚拟仿真一步式跨越，形成了科研实验与教学实验互为贯通的多维一体化，形成了时间域与空间域、地质实际与情景再现、基础实验与沉浸式体验相互穿越的多维一体化，实验教学效果显著。

（3）实现并完善了穿越式实验教学方法

虚拟仿真实验教学中心建设是一个复杂的系统工程，对实验教学中心的建设不但需要计算机、工作站、计算模型和软件，也需要微缩模型、实验仪器、工具设备和实现手段，两者的完美结合是能源地质与评价虚拟仿真实验教学中心建设的关键所在。建设过程中紧抓地质原理、实验方法与计算机技术的紧密结合及建设思路上的技术创新，突出中国地质大学（北京）主导、中青年教师力量支撑、联合共建单位多方联合参加、部分优秀及特长学生参与设计和管理的建设模式特点，把困难分解并将存在或可能存在的问题消灭在萌芽中。

规划编制了配套系列实验教材，试制了一批创新性特色教学实验仪器，开发了地质实验相关软件，衍生了一系列新的实验项目，极大地提升了穿越式实验效果。

编制了实验室手册、实验教材、实习指导书、情景软件及视频等系列实验教学材料。

根据能源地质实验教学特色，自行开发研制了针对能源地质实验教学特点的系列软硬件设备，独立研发了具有国际水准的系列配套实验教学设备和仪器，形成了非常规能源地质实验教学特色。开发了配套的实验教学软件，实现了"大型仪器放桌面""足不出户跑野外"及"地下漫游与穿越"等多个不可能。穿越式实验体系的构建和实施，打通了学科、时间和空间界线，衍生了一系列新的实验项目，通透了地质与工程、野外与室内、地史与现今、地下与地面、现实与虚拟等跨越时间域和空间域的穿越隧道，地质历史回溯、油田地下漫步、实验空间瞬移等教学实验功能得以实现。进一步突出了多维一体化实验室特点和穿越式实验功能建设，编写了实验手册 1 套、39 本实验教学指导书、5 本野外实习指导书，发表实验教学法论文 12 篇，自行研制教学仪器设备 10 台套，获得专利 35 件，编制情景软件 5 套，制作视频 5 套。

（4）建成了多个创新实验教学平台

成功地总结了科研与教学之间的互相补充、互相依赖、互相提高的关系，即在强调虚拟仿真实验重要性的同时，狠抓科研管理并使之服务于教学实践，科研与教学互补，全方位提高了教学效果。在虚拟仿真实验教学过程中，充分利用科研资源，以野外地质和钻探结果为基础，以虚拟方法和仿真技术为手段，以改进教学效果、提高教学质量为目标，采取"虚实结合"模式拓展实验教学时空范围。建立形成了以"动手-思考-创新"为特色的"多维-递进--体化-穿越式"教学模式。搭建了多中心开放实验平台，实现了多资源利用、多学科共享、多维度穿越、多方式沉浸的自助实验教学效果，形成了多个创新实验教学平台。

形成了教学实验中心、野外实践中心、虚拟仿真中心等多个开放实验中心平台，建成了内部网络连接、自助式组合实验，实现了多资源利用、多学科共享、多维度穿越、多方式沉浸的自助实验教学效果，以科研促教学、科学实验与教学实验融合，实现了科学实验方法与教学实验手段之间的并行互通，形成了教学实验中心、野外实践中心、虚拟仿真中心等多中心开放实验平台同步一体化运行模式，大力开展"虚与实""大与小""内与外""古与今"等特色实验教学实践活动，逐步形成了虚拟与现实融合、宏观与微观一体、室内与野外瞬达、地史与现今跨越的穿越式立体实验教学体系，已成为大学生课外实验、创新实验和开放性实验的重要基地，明显提升了实验室总容量，显著扩展了实验功能，强化了实验教学效果。

4 高水平实验平台建设

能源实验中心在新世纪中的发展可归纳为 3 个基本阶段（图 4.1）。第一阶段（2000—2006）为重新起步、满足教学基本需求建设阶段，工作重心以硬件建设、匹配教学、满足教学最基本需要为主；第二阶段（2006—2014）为重新构架、教学与科研同步推进建设阶段，工作重心以找平补齐、平台建设、基本满足教学与科研同步推进为主；第三阶段（2014—2024）为重新定位、建设领先水平重点实验室阶段，工作重心以特色凝练、强化优势、推进高水平学科建设与发展为主。

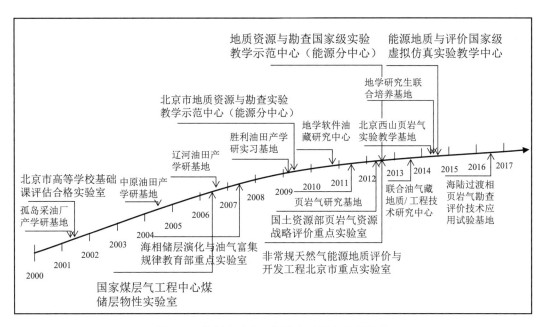

图 4.1 能源实验中心新世纪建设与发展轨迹

4.1 高水平教学实验平台建设

能源实验中心秉持"服务教学、服务科研"的发展思路，"不断地创新探索及理论交流，改进实验教学方法"，体现"特色加精品"的实验特色，励图"走出一条科学发展的合理化发展道路"。"立足于勘探-开发整体规划、地质-工程-环境同步发展、中心-平台-模块一体化建设，力图重新成为国内一流、特色明显、具有同领域引领作用的教学实验中心"。至 2014 年，获批 4 个省部级、国家级实验教学中心平台建设立项（表 4.1）。

表 4.1 能源实验中心实验教学平台

序号	平台类别	平台名称	批准部门	批准时间	本单位参与学科数
1	北京市高等学校基础课评估合格实验室	石油工程教学实验室	北京市教育委员会	2001	1
2	北京市实验教学示范中心	地质资源勘查实验教学中心	北京市教育委员会	2009	10
3	国家实验教学示范中心	地质资源勘查实验教学中心	中华人民共和国教育部	2012	10
4	国家实验教学示范中心	能源地质与评价虚拟仿真实验教学中心	中华人民共和国教育部	2014	2

4.1.1 地质资源勘查北京市实验教学示范中心

2009 年 4 月，中国地质大学（北京）举行了校级实验教学示范中心遴选答辩，能源实验中心顺利入选并成为校级能源实验教学示范中心。同年，地球科学与资源、能源、地球物理与信息技术及工程技术等 4 个学院联合，共同联合申报了北京市实验教学示范中心建设项目。当年年底，北京市教委下达文件，同意依托中国地质大学（北京）的地质资源勘查北京市实验教学示范中心予以立项建设（图 4.2），能源实验中心成为地质资源勘查北京市实验教学示范中心能源分中心。2014 年，地质资源与勘查北京市实验教学示范中心通过建设验收并正式运行。

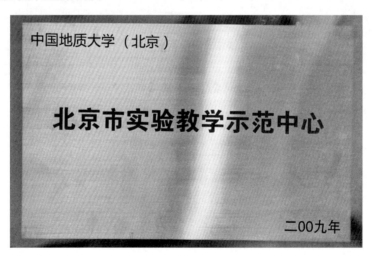

图 4.2 地质资源勘查北京市实验教学示范中心

地质资源勘查实验教学示范中心由固体矿产实验教学、能源矿产实验教学、勘查应用技术实验教学、科学研究实验、野外实践教学等平台及辅助设施支撑构成，秉承中国地质大学（北京）"特色加精品"的办学理念，始终坚持实验教学的研究与改革，形成了"强化基础，倡导创新，以国家需求为导向，围绕多目标学生培养模式，构建板块式实验课程模式，多层次实践教学体系"实验与实践教学理念。在教学内容改革上，突出将最新的地质资源勘查理论知识和高科技、新技术融入实验、实践教学内容中，强调系统的理论知识体系与实践教学相结合，重视学生实际动手能力和创新意识的培养。

4.1.2　地质资源勘查国家级实验教学示范中心

在地质资源勘查北京市实验教学示范中心基础上，由地球科学与资源、能源、地球物理与信息技术及工程技术等4个学院联合组队申报的地质资源勘查国家级实验教学示范中心于2012年顺利获得评审通过，得以立项建设，能源实验中心成为地质资源勘查国家级实验教学示范中心能源分中心。2014年，地质资源勘查国家级实验教学示范中心通过建设验收并正式运行（图4.3）。

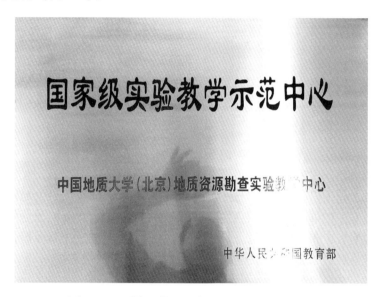

图4.3　地质资源勘查国家级实验教学示范中心

该中心以教育思想和教育观念革新为先导，以实验教学体系创新为核心，以管理体制和运行机制改革为基础，以提高学生实验能力、培养学生的创新精神和科研实践能力为目标，按照学校"特色加精品"的办学理念，坚持教学科研相结合，坚持实验教学研究与改革，以国家需求为导向，构建科学的地质资源勘查实验教学体系、创新人才培养模式和教学管理机制，全面推动资源勘查类本科教育创新。

该中心坚持以人为本，以培养大学生实践创新能力为核心，以高素质实验教师队伍建设为先导，探索现代化的实验教学方法和手段，不断更新实验教学内容，加强综合性、设计性和创新性实验项目建设。重视实验室装备建设，构建先进的实验教学平台。建立良性实验室运行机制，形成网络化、开放化的实验室管理模式。加强优质资源整合力度，探索教学科研相结合、校企联合培养的实验教学新模式。

4.1.3　能源地质与评价国家级虚拟仿真实验教学中心

在地质资源勘查国家级实验教学示范中心能源分中心建设的基础上，能源实验中心于

2014年申报了能源地质与评价国家级虚拟仿真实验教学中心，年底准予立项建设（图4.4）。

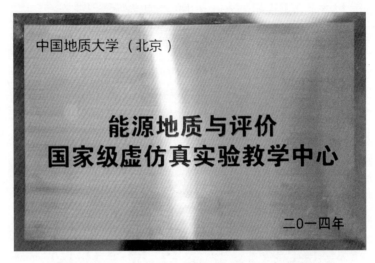

图4.4　能源地质与评价国家级虚拟仿真实验教学中心

虚拟仿真实验教学中心建设主体按照"从现实存在到抽象模型，再从虚拟仿真到虚实结合，最后回归现实实现系统认知"的思路展开，即首先在对野外地质进行观察的基础上形成地质概念和认识，结合典型标本形成能源地质相关的微缩景观地质模型及大型作业现场，形成石油工程景观模型。然后在基础地质原理基础上建立能源地质抽象逻辑，对地质过程进行虚拟表达和实现，对石油工程过程及施工现场进行仿真模拟，完成系统的能源地质评价虚拟仿真教学实验。

4.2　高水平科研实验平台建设

经过逐渐地励练与提高，能源学院不断提高科研能力和水平，有代表性、有高度及有影响力的科研成果喷涌产出。能源实验中心秉持"服务科研、推动科研"的发展方向，不断扩大交流，比肩国际，积极搭建实验平台，重点实验室建设日新月异，6年间建成1个国家级实验室平台和3个省部级重点实验室（表4.2）。

表4.2　能源实验中心科学实验平台

序号	平台类别	平台名称	批准部门	批准时间	本单位参与学科数
1	国家工程技术研究中心	国家煤层气工程中心煤储层物性实验室	国家发展和改革委员会	2006	2
2	教育部重点实验室	海相储层演化与油气富集机理重点实验室	中华人民共和国教育部	2007	4
3	国土资源部重点实验室	页岩气勘查与评价重点实验室	中华人民共和国国土资源部	2012	4
4	北京市重点实验室	非常规天然气能源地质评价与开发工程重点实验室	北京市科学技术委员会	2012	4

4.2.1 煤层气开发利用国家工程研究中心煤储层物性实验室

2006 年，国家发展改革委《关于组建煤层气开发利用国家工程研究中心的批复》（发改高技〔2006〕368 号）文件，批准组建煤层气开发利用国家工程研究中心，依托中国石油天然气股份有限公司，由中国石油天然气股份有限公司、中国石油化工股份有限公司、中国地质大学（北京）等单位共同出资，在国家工商总局注册成立中联煤层气国家工程研究中心。2007 年，国家煤层气工程中心在北京揭牌成立。作为建设股东单位之一，中国地质大学（北京）建立了煤储层物性实验室（图 4.5）。

图 4.5　国家煤层气工程中心煤储层物性实验室

2011 年底，国家煤层气工程中心煤储层物性实验室顺利通过了国家发改委组织的验收，开始运行。

该实验室的主要研究方向主要有 4 个：

1）煤层气富集成藏机理与资源评价。

2）煤层气储层精细描述和评价。

3）煤层气田产气能力影响因素研究。

4）煤层气储层动态与增产措施研究。

4.2.2 海相储层演化与油气富集机理教育部重点实验室

2007 年，中国地质大学（北京）进行实验资源的有效整合，在学校和学院大力支持下，开始了教育部重点实验室的筹备和申请工作，实验室直接按教育部重点实验室的管理制度和运行机制进行管理和建设（图 4.6）。2007 年 12 月，教育部下文批准，依托于中国地质大学（北京）的海相储层演化与油气富集机理教育部重点实验室予以立项建设，并于 2008 年 1 月组织专家对实验室建设计划任务书及实验室建设情况进行了论证和现场考察，批准了实验室建设方案，自此该实验室正式进入教育部重点实验室的立项建设阶段。

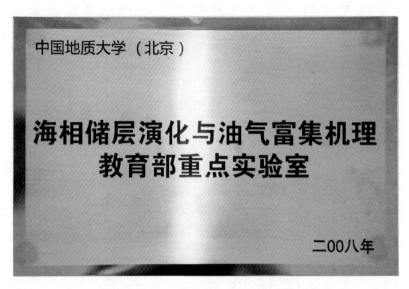

图 4.6　海相储层演化与油气富集机理教育部重点实验室

2013 年，顺利通过教育部组织的验收，开始运行。

该实验室从中国海相盆地演化和储层发育特征实际出发，形成 3 个研究方向。

（1）海相盆地形成演化特征及其动力学过程

通过构造地质学、沉积学、地层学、古生物学、古气候学、地球化学和地球物理等多学科的理论、方法和技术应用，研究海相叠合盆地形成的大地构造环境和重大地质事件背景，研究盆-山耦合关系和沉积盆地的演化、类型与结构特征，揭示多旋回叠合盆地形成的动力学过程，并阐明其对油气源岩层、储集层和区域盖层发育的控制作用。

（2）海相盆地储层形成机理与预测

通过中国震旦纪-中三叠世海相碳酸盐岩发育的构造沉积环境、关键构造期构造古地理、岩相古地理的恢复与再造，结合层序地层格架中储层成因规律研究，建立礁滩、白云岩与岩溶、裂缝-孔隙性储集体等碳酸盐岩储层的发育模式。通过不同沉积微相和成岩相对储层性质的控制作用研究，建立海相优质储层形成、保存的机理和预测模式。从地质转换系统的新角度确定原生和关键构造变革期次生地质转换系统的形成和分布，以及不同级序转换系统中油气的分布规律和富集模式。

（3）海相盆地油气富集规律与资源评价

运用系统论的观点，对成藏系统进行整体研究。针对不同类型的成藏特点，对各种成藏过程进行系统解剖和定量分析，研究各关键成藏时期油气成藏特征以及多个关键时期油气藏的调整、改造历史。针对不同类型海相叠合盆地的构造地质演化过程及地质条件，研究叠合盆地油气生成、演化的地质特点，建立不同类型叠合盆地、区域构造条件、沉积环境演化等地质特征与油气资源分布之间的基本关系，查明叠合盆地油气资源的存在特征及分布规律。从叠合盆地特有的地质演化过程出发，研究与发展油气资源评价理论和方法体系。

4.2.3 国土资源部页岩气勘查与评价重点实验室❶

2011 年，我国页岩气正处于区域勘查评价及战略研究的初始阶段，页岩气资源调查及研究工作亟待开展。在相关领导的大力支持下，中国地质大学（北京）和国土资源部油气资源战略研究中心于 2011 年启动联合申报国土资源部第三批重点实验室工作，2011 年 12 月通过国土资源部重点实验室建设申请答辩。2012 年 6 月，国土资源部下达文件，同意主体依托中国地质大学（北京）开始国土资源部页岩气勘查与评价重点实验室立项建设工作（图 4.7）。2017 年 7 月，顺利通过国土资源部组织的验收，开始运行。

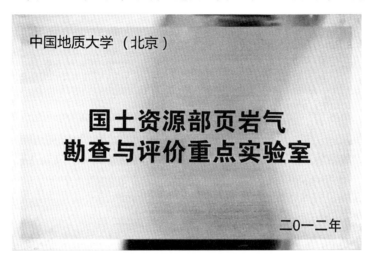

图 4.7　国土资源部页岩气勘查与评价重点实验室

针对我国地质条件复杂、页岩发育地质历史跨度长、页岩气发育类型多样等特点，该实验室研究方向主要包括 3 个方面。

（1）页岩气富集机理与分布规律

研究页岩气（油）资源类型、成藏模式、主控因素等，预测页岩气分布规律，主要包括页岩沉积与储集物性、页岩及页岩气（油）地球化学、岩石力学特点与页岩裂缝发育规律、页岩含气性及其综合评价、页岩气（油）富集机理与分布规律等。研究对象包括海相、陆相及海陆过渡相。

（2）页岩气资源评价与战略选区

结合地质条件的多样性和多变性，研究页岩气地质评价问题，研究页岩气资源评价原理、方法和技术，发展关键参数分析方法，开展多类型页岩气资源评价，开展页岩气有利选区与评价，包括富集条件、资源类型、地质评价等，也包括页岩分布及其地质调查、页岩气（油）测试技术、页岩气（油）勘探方法及地质理论、页岩气（油）资源评价及战略选区等。

（3）页岩气开发基础与战略评价

依据所掌握的全国性页岩气基础地质及页岩地质资料，研究页岩气开发技术和评价

---

❶　2013 年改为国土资源部页岩气资源战略评价重点实验室，现为自然资源部页岩气资源战略评价重点实验室。

方法，开展页岩气战略评价，发展页岩气勘探开发决策理论和技术，主要包括页岩气勘探开发理论与工程技术，页岩气（油）钻、测、录井与储层改造方法和理论、提高采收率技术、战略决策与评价等。

4.2.4 非常规天然气能源地质评价及开发工程北京市重点实验室

北京是非常规天然气的研究与开发中心，非常规天然气将对北京的供气保障产生重要影响。结合能源学院特点和非常规天然气发展趋势，能源学院 2011 年 11 月组织力量开始申报依托于中国地质大学（北京）的非常规天然气能源地质评价及开发工程北京市重点实验室。2012 年 6 月，正式公布通过认定（图 4.8）。

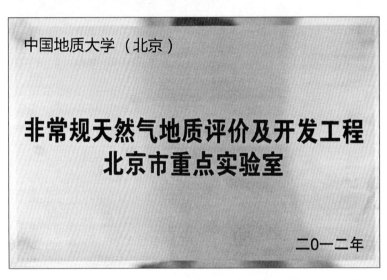

图 4.8　非常规天然气能源地质评价及开发工程北京市重点实验室

该实验室针对致密砂岩气、煤层气、页岩气、天然气水合物和地热等非常规天然气资源，开展地质评价与开发工程研究工作。主要研究方向包括 4 个方面。

（1）非常规天然气分布规律

在区域地质背景下研究非常规天然气的形成机制和分布特征，探寻其分布地质规律，形成非常规天然气区形成与分布的系统认识。

（2）非常规天然气储层评价

通过对储层特征的分析与描述，开展储层预测和评价，实施非常规天然气储层地质评价。

（3）非常规天然气开发理论

开展非常规天然气的渗流机理、产能评价、动态预测、开发方案设计等理论研究，深化非常规天然气开发理论。

（4）非常规气藏开采技术

研究非常规天然气开采方法，形成高效的非常规气藏开采技术。

5 能源实验中心运行管理与建设成效

5.1 对高校实验室运行及管理的几点思考

5.1.1 高校实验室的作用

作为高校实验室，肩负着协助并加强理论教学并为开放研究提供资源和条件的责任与义务，承担着科学探索与创新性研究的重任并提供方法实现和学术性交流的重任，肩负着学科建设与发展、技术创造与推广、人才培养与知识普及等使命。一言以概之，高校实验室的作用可以归纳为 5 个基本方面：专业人才培养和训练的场所，新思想产生及科技创新的发源地，原创性科技成果产出的咽喉，学术争鸣的园地和思想交流的平台，成果拓展及应用研发的中心。作为专业学习训练、人才培养及原创性高水平科研成果产出的综合基地，高校实验室具有不可替代的作用和地位，是高校专业教育及学术发展不可或缺的平台。因此有人（如冯瑞院士等）认为，实验室是现今时代大学的心脏。

能源实验中心承担着教学实践、科学研究、成果推广、对外开放、学术交流及科学普及等任务，支撑了一批科研项目和成果产出，促进了研究能力和水平的提高，为人才培养、学科建设、科研产出产生了积极作用。特别是，科研与教学结合、兴趣开展实验的模式加速了学生能力培养过程，许多高年级大学生在不同程度上提前进入了研究生状态，学生的实际动手能力、理论理解能力、科学研究能力以及自主创新能力都得到了良好的训练，其思维能力和竞争能力均得到了显著提升，形成了教师乐于带教、学生要求参与、用人单位普遍欢迎的良性循环链（表 5.1；图 5.1）。

表 5.1 大学生课外科技立项 (2007)

序号	项目名称	项目负责人	项目组成员	指导老师
1	北京市大气颗粒物污染对居民住房楼层选择的环境效应评价	耿晓洁	王冰冰、马超、张闯、沈洁	刘大锰
2	鄂尔多斯盆地北部二叠系碎屑岩孔渗关系实验研究	王广源	张琴、翟秀芬、任森林	张金川
3	ECBM-CO$_2$ Sequestraition 技术的探讨	姜晓华	柴立满、罗文静	唐书恒
4	油井周围土壤的有机污染研究	高达	高达、程岳宏、刘双双	李治平
5	油气成藏过程中储集层参数变化的仿真模拟	王进	常健、张娟、姜生玲	张金川
6	周口店太平山南坡晚古生代地层沉积相分析	程岳宏	刘双双、马学礼、田园圆	姜在兴

序号	项目名称	项目负责人	项目组成员	指导老师
7	储层敏感性对注水井吸水能力实验研究	郭艳东	赵英杰	郭建平
8	长期注水开发对储层岩石润湿性影响的研究	宋锦丽	马小川、龙峰、顾培	王晓冬
9	页岩气吸附影响参数实验研究	张琴	王广源、姜晓华	张金川
10	煤矸石对地表水污染的模拟实验	王文霞	梁旭	唐书恒
11	油井周围土壤的重金属污染研究	崔文彬	何建宇、李熊林	郭建平
12	北京西山新元古界景儿峪组与下寒武统昌平组不整合面结构及油气地质意义研究	何娟	魏冬、邱勇凯、张俞	丁文龙
13	鄂尔多斯盆地南缘军台岭下石盒子组盒7~8段砂岩露头储层沉积学、储集物性及物源分析	白华青	王兴龙、陈福湾、龚云洋	肖建新
14	利用磷灰石裂变径迹测年法研究塔北古隆起的构造运动和油气成藏期次	魏冬	方芹、罗坚	丁文龙
15	教学数字信息化研究	陈江	陈洁、郝洋、邱勇凯、田冲	王建平
16	胜利油田油页岩及原油中有害微量元素的对比分析及其意义	王亚婧	方芹、成鹏	郭少斌
17	辽河东部凹陷储层变化实验研究	荆铁亚	贾岫、耿晓洁、李战奎	张金川
18	磁力负压钻铤系统设计及其性能研究	张成祥	袁乐、刘然、延俊宝	郭建平
19	山西晋城煤层气井产出水的水质分析	王志超	张万昌、卢巍、邓春苗	唐书恒

图 5.1　学生获得全国石油工程设计大赛（左）和
全国大学生节能减排社会实践科技竞赛（右）一、二等奖

5.1.2　规避风险，防止漏洞

成功的高校实验室取决于软硬件的配套建设和同步发展，不但要求适宜的硬件建设，还须有与之配套的软件管理；不但要有创新的管理思维，更要求相得益彰的发展

规划。长期以来的演化发展成就了许多知名的实验室，也风卷残云般淘汰了不能适应者。归纳起来，高校实验室通常可能存在 7 个主要方面的管理漏洞，需要适时掌握，及时规避风险。

1）发展思维：对教学实验认识不足，重视不够，在指导思想上重视理论而轻视实验；对历史缺乏了解，对现实动态掌握不足，以陈旧或固有的思想观念应对现代阶段的实验室发展，以保守的心态对待快速变化的时局，导致实验室运行管理与现实背景的脱节；在实验室规划建设与学科发展之间没有找到平衡结合点，两者结合松散，导致实验室的作用缩减而不能很好地支持学科发展，而学科专业也因缺乏实验室的后盾支持而无法维持快速的稳步发展；对于实验室的发展评价，人们长期以来习惯于以自我为中心的纵向比较，而同时代的横向比较则更有利于实验室的不断更新定位和更快、更稳、更好地发展。

2）安全管理：实验室的安全管理范围涉及内容广泛（附录 9），水电暖气物、漏盗火毒爆，事无巨细，样样都可能直接产生严重后果。以普通的化学实验室来说，它不仅包括了药品存放、剂量安全、遗失盗用，还包括了爆炸隐患、毒性挥发、放射泄露、残渣废液、设备腐蚀以及危险高压、操作失误等多个可能。造成高校实验室安全隐患的原因多种多样，大体包括了运行及操作规范、实验相关人员（运行及运行管理者、实验管理及指导教师、学生及其他实验参与者）专业背景、环境特殊性等，专业知识欠缺和麻痹大意通常是造成实验室安全的两大原因。

3）运行模式：对待实验内容的设置，长期以来完全依从于课堂的理论教学，理论教学与动手结合固然是最重要的实验方法，但实验项目的设置缺乏相对独立性，这种禁锢日渐体现为实验教学对理论教学的约束性，不仅限制了大家对实验辅助教学的正确理解，而且容易形成"实验仅是理论的验证"这样的欠恰当认识；尤其是在学生当中逐渐形成了实验课永远隶属于相应理论课的固有思维及不正确概念，导致实验室中即使有设计性、综合性、动手性、探讨性实验项目的开放，也极少有相关专业学生积极响应的被动局面；由于实验课程完全隶属于理论教学，实验者始终处于被动的"监管"和"学习"过程中，盲从地按照实验指导书按部就班地进行机械操作，这些实验课的教学方式客观上也造成了学生的被动跟从、被动服从、被动思维及被动学习，影响了实验室教学作用的发挥，更限制了实验者的创造性思维和创新性发挥；进一步，由于考核管理制度欠完善，传统管理模式下的方法优势难以体现，实验好坏难以区分，实验效果难以评价，实验者的真正动手能力、理解程度以及所得实际收获无法得到正确判断与分析，滥竽充数、浑水摸鱼者常见，从另一个方面也滋长了学生对实验教学的漠视和忽视。

4）硬件配备：长期发展规划及资金投入上的不重视，导致实验室规模小、空间窄、品种单一、设备重叠或者功能相近，进而实验室作用有限、实验功能残缺，不能很好地发挥相应的作用；实验资源不配套、仪器台套数不达标准、仪器设备购置及分配不合理，结果导致低层次重复和实验室资源浪费；常规及普通仪器使用率高但台套数不足、易损易坏设备缺乏足够备件、高精尖仪器数量有限且维修维护不能及时跟进，限制了学生的正常使用。以上种种均可能遏制实验室功能的正常发挥和资源的最大化利用。

5）开放程度：实验室空间相对封闭，无形中限制了学生的人员流动；实验资源不能共享而造成空间及仪器设备的浪费；实验室开放程度不够，形成了实验资源利用的又一屏障；进一步，实验室的相对隔离，阻碍了理论与实验的结合以及创造性的探讨研究，滞缓了实验室功能及作用的正常发挥。

6）运行管理：由于人员编制、岗位待遇以及工作责任等原因，常导致实验室人员配备不足，制约了实验室的正常运行、开放利用以及资源共享；由于管理不到位，导致有限资源的使用进一步受到限制而不能充分发挥作用；由于运行模式不适应发展的需要，引起低水平重复、条块分隔、彼此不能互通有无并做到相互支持利用；由于管理方式陈旧，限制了实验室管理与实验室使用之间的联系与沟通，信息无法反馈，彼此不知所需，同样是实验室运行及发展的桎梏。

7）齐抓共管：按照职能作用划分，能源实验中心的人员队伍可分为决策管理人员、专职管理人员、兼职管理人员、专业课实验人员、实验教学与运行机动人员等5部分，能源学院在职教师、研究生及退休返聘等人员，均是实验室建设与运行管理的生力军，均为能源实验中心建设做出了重要贡献。采取中心调度协调实验、理论教师负责课程兼带实验、专人负责仪器维护、教师与研究生共同参与等灵活办法（图 5.2），保证了能源实验中心不断充注动力，在开展丰富多样的实验与实践活动的同时，规避各种可能发生的意外风险。

图 5.2　在校硕士（左）和博士（右）研究生参与实验室运行管理

能源实验中心积极规避各种可能发生的风险，制定了各种风险预案，保障了正常发展。在管理与维护方面明确提出了"房间专用、仪器专管、一包到底、全权负责"的指导思想，在安全防范上采取了"层层把关、处处检查、时时提醒，严防死守，杜绝隐患"措施，保证了快速发展过程中能源实验中心发展与建设的顺畅进行，保证了实验教学水平和科研产出能力的大力提升和实验功能的最大化发挥。

5.1.3　实验室运行及管理的几点思考

宏观的规划和总体的发展约束了实验室资源的最大容量，管理的水平和运行的效率限制了实验室实际的资源利用水平。只有不断加强学习（业务能力学习、安全意识学习、国外经验学习、兄弟单位学习、内部相互学习）、加强交流沟通（人与人交流以相互理解、人与物沟通以熟练技术）、加强潜力优势（特色学科与优势专业）的挖掘与发挥，教学与科研和谐共进，才能形成并进一步塑造出过硬的一流能源实验室。经过坎坷的发展和重建，现今的能源实验中心又已初见规模。在有关领导、广大教职员工及部分校友的支持下，能源实验室目前正沐浴时代的甘露茁壮成长。现今的能源实验中心随着专业设置的变化而继承发展，紧密围绕石油工程和资源勘查工程专业，支撑能源与环境、石油地质和石油工程3个专业方向的教学与科研。

高校实验室具有人才培养、科学研究、窗口交流等多种重要作用，其运行及管理常存在多种漏洞风险。如何围绕高校实验室特点并结合能源实验室实际，分析并锻造实验室特色、最大化利用实验室资源、实现实验室多种功能、合理规划实验室发展等问题，仍然是高校实验室运行及管理中值得考虑的几个重要问题。实验室多种功能的实现和资源利用的最大化取决于多种因素，对以下几个方面问题的探讨分析有助于实验室作用的更好发挥。

1）实验室特色的锻造和形成：在现今的特定历史条件下，特色就是实验室的生命，没有特色的高校实验室常难以维系和发展。实验室特色的形成是长期专业发展的历史凝练，是不断塑造努力与自然历史发展的结果，其特色的锻造依托于教职员工集体的努力和智慧的升华，稳健地持续发展还依赖于真见卓识、韬光养晦。能源学院实验室历史悠久，曾经有过光辉的鼎盛。但历史可以参考，其他实验室的经验也可以借鉴，目前能源实验室的发展更需要与时俱进，和谐发展，择机蓬勃，再创辉煌。定位于能源学院的三大专业方向，实验室的特色易于自然透析，即能源与环境、石油地质与勘探、油气田工程与开发三者的相互兼容、协调发展及共同进步的一体化特点构成了能源实验室一条龙规划与发展的重要特色，与现今历史阶段的人才需求及培养要求融为一体。

2）实验室资源利用最大化：实验室有限资源的最大化合理利用是少花钱多办事的具体体现，是克服实验室多种困难、提高使用率、节省社会资源的有效措施，也是实验室运行及管理的重要考核内容。在现今条件有限的情况下，合理调配实验室资源以满足基本功能需要、艰苦奋斗并努力争取进入先进的尖端行列是现实的可行方案之一；建立并形成实验室网络以互通有无、相互帮助并实现资源共享是另一种可行的模式选择；合理安排时间、加大开放力度、利用一切可动用资源（包括多种勤工助学方式的人力资源）是提高实验室资源利用效率的又一途径。总之，实验室资源利用最大化有多种方式和途径，需要在实践中不断摸索、不断进步。

3）实验室多种功能的同时实现：除运行操作及有效管理以外，实验室多种功能的同时实现还依赖于硬件的实验仪器和设备。按照国家有关分类，实验室仪器和设备大致可分为12大类、79小类、447种及若干亚种，浩然的仪器类型需要根据专业需要进行适宜性筛选。就能源实验室来说，它可能涉及了几乎所有的仪器类型，但考虑到专业设置、学术配套及重点发展规划，仪器类型就主要集中在分析、计量、物理性能测试、地球探测等几大领域。在资金来源、支持渠道和相应投入有限的情况下，具体的硬件设备还需要精心安排、认真权衡。既能够有效、节约、合理地使用经费，又能够满足客观合理的教研及学科发展需求，协调规划、和谐发展、稳步前进、两得相宜是最佳选择方案。

4）实验室规划与发展：实验室的进步依赖于学科的建设与发展，学科建设与实验室发展互为促进，因此，实验室的规划及发展与能源学院的进步捆绑在一起。同舟共济，实验-模块-平台-多方向多功能作用一条龙是实验室的基础和基本模式；互利共惠，共谋-共建-共管-共享是目前实验室建设的基本指导思想；以人为本，面向师生-服务教研-重在基础-着眼未来-资源共享是能源实验室的基本发展方向；锐意进取，特色-精品-卓越是能源实验室的不断追求。

5.2 能源实验中心建设成效

能源实验中心在实验室建设、实验教学、科学研究及平台搭建等多领域均取得了良好效果，在科研能力和水平、成果产出、人才培养及创新研究等方面成果丰硕。

5.2.1 实验教学效果提升

能源实验中心有力地支撑了数十门课程上百项课程实验项目，常年对外开放，每年均承担大量大学生科技立项和课外科技活动的实验项目（表5.2），承担着对外交流和社会实践等责任，为教学提供了优质服务。

能源实验中心针对学生实际学习中遇到的难点、盲点和关键点进行系统训练，通过实验教学使学生的能力、水平和知识结构得到了大幅提升和改善，拓宽了学生的专业思路，增强了科研动手能力，提高了综合素质和水平，培养的学生具有良好的专业素养，深受用人单位的欢迎，教学效果明显提高，获得了学生的充分肯定和支持，毕业生能够快速进入工作状态，体现了教学实验的重要价值。

依托于地质资源勘查国家级实验教学示范中心和能源地质与评价虚拟仿真实验教学中心，以能源学院为基本支撑，以中心研究人员为主体，能源实验中心采取"面对多维""逐次递进""系统一体化""穿越交融"等手法，实验教学效果明显提升。

5.2.2 科学研究与实践

能源实验中心科研实力雄厚，不断追踪世界学科发展动态，立足于国内学科发展前缘，围绕着煤油气地质勘探与开发，形成了多个特色明显、处于国内前缘地位的研究领域。

能源实验中心仪器和设备齐全，能够支撑完成数十项科学研究、实验测试与分析评价，尤其是在基础地质参数测试、非常规油气有机地球化学、储层物性、含气性、地质-地球物理解释、石油工程、数值模拟、开发评价、物理仿真等领域，实验技术思路先进，仪器设备水平领先。在含气量测试分析、物理仿真模拟、综合地质测试分析以及新设备自主研发等方面独具特色、技术领先、特色明显。

能源实验中心瞄准学术前缘、凝练学科特色、重点支持突破，以对科学问题的集中技术攻关为特色，在传统优势基础上，逐渐形成了有机地球化学、储层物性分析、含气性评价、构造力学分析、非常规油气资源评价、石油工程模拟、油气田开发评价等新的优势平台和方向。能源实验中心不断在成藏地球化学、海相储层、煤岩储层、页岩气、含气性、非常规天然气开发工程等领域解决新的问题、获得新的进展，在解决不同领域、地区和对象地质问题的同时，传播新的技术、思路和方法，整体提高能源与环境、石油地质、石油工程等领域的科技水平。

表 5.2 2013 年能源实验中心大学生开放基金项目

序号	项目编号	项目名称	负责人	参与人数	立项时间	指导教师	资助金额/元
1	201311415024	藻粒滩发育特征及成形成地质条件	卢登芳	5	2013.4	高志前	10000
2	201311415025	胜利油田土壤重金属污染初步研究	尚世龙	2	2013.4	侯读杰	10000
3	201311415026	煤层气产出过程中的滑脱效应及其影响因素研究	刘菅	4	2013.4	汤达祯	10000
4	201311415027	成岩作用对颗粒滩储层的影响	金丽娜	4	2013.4	高志前	10000
5	201311415028	泥灰岩成因与油气储层研究——以冀中坳陷第三系为例	孔祥鑫	3	2013.4	姜在兴	10000
6	201311415029	滇西北金矿床矿物组合研究	闫夕兑	4	2013.4	李国武	10000
7	201311415030	探究延庆硅化木公园上侏罗统细砂岩中结核成因及其研究	王远征	3	2013.4	黄文辉	10000
8	201311415031	低煤阶煤层气储层孔渗性赫兹共振精细表征	王兴华	3	2013.4	许浩	10000
9	201311415032	煤系烃源岩丰度测井曲线预测方法	祝武权	3	2013.4	张松航	10000
10	201311415033	多层油藏堵剂纵向分配比例研究	赵丽君	3	2013.4	王颖亮	10000
11	201311415034	热液成因矿物的镜下特征与碳酸盐岩	张群	4	2013.4	樊太亮	10000
12	2013AB024	库车凹陷西段白垩系砂体储集性能分析	胡人端	5	2013.4	王海荣	10000
13	2013AB025	辽河坳陷重点地区泥页岩裂缝分形	李二冬	4	2013.4	张金川	10000
14	2013AB026	测井方法评价煤系致密砂岩储层	史新	3	2013.4	张松航	10000
15	2013AB027	探究不同物质对 PM2.5 的吸收能力	刘欢	5	2013.4	范炳富	10000
16	2013AB028	新能源地热能有利目标预测方法研究	孔令晓	5	2013.4	毛小平	10000
17	2013AB029	稠油催化剂降黏配方优化	张甜甜	5	2013.4	郭建平	10000
18	2013AB030	裂缝性油藏调剖效果评价方法研究	李宁	4	2013.4	王颖亮	10000
19	2013AB031	煤层气单井压裂裂缝参数计算方法对比研究	王峰	5	2013.4	赖枫鹏	10000
20	2013AB032	煤层气单井产量影响因素分析	刘慧盈	4	2013.4	赖枫鹏	10000
21	2013AB033	稠油水平井动用状况评价方法研究	陈乃顺	1	2013.4	李治平	10000

续表

序号	项目编号	项目名称	负责人	参与人数	立项时间	指导教师	资助金额/元
22	2013AB034	元坝气田长兴组礁滩相带成岩作用研究	李庆	2	2013.4	陈昭年	10000
23	2013AX052	断陷盆地质结构与油气成藏研究——以东营断陷陡坡带南体油气藏为例	陶泽	3	2013.4	何登发	5000
24	2013AX053	延庆硅化木公园鞕状河储层特征研究	吕俊辰	3	2013.4	王红亮	5000
25	2013AX054	页岩有机质丰度快速测量方法研究	赵倩如	5	2013.4	张金川	5000
26	2013AX055	塔西南白垩纪前陆盆地沉积充填及其主控因素研究	多雪梅	2	2013.4	刘景彦	5000
27	2013AX056	鄂尔多斯大牛地气田致密砂岩孔隙结构与产能关系的研究	王娟	5	2013.4	李治平	5000
28	2013AX057	普光气田生产中硫沉积特征的研究	王婧	3	2013.4	李治平	5000
29	2013AX058	鄂尔多斯盆地页岩气藏压裂的可行性分析	邓长生	4	2013.4	李治平	5000
30	2013AX059	高含硫气藏压力特征曲线分析	张长煌	4	2013.4	胡景宏	5000
31	2013AX060	核磁共振测试在页岩气储层评价中的应用	黄昌杰	3	2013.4	郭少斌	5000
32	2013AX061	吉木萨尔凹陷致密油储层的数学建模	田丰	4	2013.4	侯读杰	5000
33	2013AX062	细粒碎屑岩的粒度分析新方法研究	方伟	5	2013.4	张元福	5000
34	2013AX063	测井烃源岩有效分析方法	王威	4	2013.4	张元福	5000
35	2013AX064	北京地区地温的分布研究	郝传俊	5	2013.4	毛小平	5000
36	2013AX065	煤层顶板灰岩含水性的测井响应研究	徐海涛	4	2013.4	许浩	5000
37	2013AX066	低渗透储层注采压差计算方法研究	吕栝	2	2013.4	侯晓春	5000
38	2013BXY025	活性水稠油降黏剂配方的筛选及优化设计	赵君怡	2	2013.4	范洪富	3000
39	2013BXY026	挤压环境下泥页岩厚度对裂缝发育的影响	鄂亮	3	2013.4	金文正	3000
40	2013BXY027	氮气泡沫复合驱配方优化	刘超	4	2013.4	鄂建平	3000

5.2.3 支撑学科建设和发展

在完成教学实验任务的前提下，能源实验中心积极支持科学研究工作，为地质、资源、环境与开发等领域的科学研究提供了有利平台。支撑了能源与环境、石油地质及石油工程专业的各种实验与试验，对沉积储层、盆地构造、矿物岩石、有机地球化学、含气性分析以及地质分析、开发评价等领域形成了强有力支撑，为煤储层物性测试与研究、海相储层测试与分析、页岩气勘查与评价、非常规天然气地质与开发评价等平台建设与发展产生了积极作用。促进了海相油气、煤层气、页岩气及其他多种类型非常规油气勘探开发的学科发展和建设，尤其是催生了页岩气、推动了煤层气、促进了非常规气、强化了海相储层等学科的建设和发展，提升了油气成藏、石油工程、油气田开发等学科的建设水平。

5.2.4 对外合作与交流

能源实验中心已与野外实习教学基地共建单位、实验室联合共建体及相关单位进行了充分的实验资源和教学资源共享，与校内外及国内外兄弟院校、相关机构的对口院系和实验室进行了实验室建设思路、经验和成果的资源共享，与科研机构、生产单位及意向单位进行了多次实验室建设资料交换和资源共享交流（图5.3）。

图5.3　德国院士 Brain Horsfield（马田）多次到能源实验中心进行交流

能源实验中心已为中国地质大学（北京）、北京地区高校及其他地方院校学生提供了开放交流，目前已在能源地质教学实验室建设、实验思路和方案、实现途径和效果等方面形成了院内外、校内外、行业内外、国内外（德国、美国、加拿大、澳大利亚等）广泛的资源交流共享（图5.4，图5.5），举办了多次学术会议（表5.3），先后有多批次兄弟单位专家到能源实验中心进行考察、走访、参观和观摩，一些建设思路和发展模式已得到了相应的参考借鉴，取得了明显的社会实践及实验教学效果。

图 5.4　在美国 Fort Worth 参观页岩气施工现场（2009）

图 5.5　在西欧进行联合野外地质调查（2013）

表 5.3　主办或承办代表性学术会议情况（2009—2012）

序号	会议名称	时间	牵头人	参加人数
1	The First World Young Earth Scientists Congress	2009.1	许浩	380
2	2009 年全国油气井增产技术会议	2009.11	李治平	120
3	中国石油地质勘探理论新进展高级研讨会	2010.1	于兴河	120
4	第 376 次香山科学会议	2010.6	张金川	限 60
5	第八届北京石油青年科学家论坛	2010.6	樊太亮	200
6	第二届中国油气藏开发地质学术研讨会暨博士生论坛	2010.9	于兴河	80
7	International Symposium on Shale Gas	2011.4	张金川	350
8	International Workshop on Sequence Stratigraphy	2011.6	姜在兴	280
9	第一届中深层地热资源高效开发与利用会议	2012.3	李克文	200

5.2.5 成果产出与人才培养

能源实验中心拥有一批业务素质强、学术能力和水平高、在业内知名度高的优秀教师队伍。实验中心教职员工是一只富有朝气和生命力的科研力量，在能源基础地质学（如层序地层-沉积学-储层地质学、含油气盆地及石油构造分析、油气地球化学与油气成藏、能源利用与环境地球化学、盆地分析与应用沉积学等）、开发地质学（如渗流力学及其应用、提高采收率等）、非常规地质与开发工程（如煤层气、页岩气等非常规油气资源评价与开发等）领域中，享有较高知名度和社会认可度。

能源实验中心人员每年主持或参与多项国家重点科技攻关、国家重大基础研究（973）、国家攀登计划、自然科学基金以及其他类型科研项目，解决了一系列理论研究与生产实践中的地质与工程问题，SCI 论文、发明专利、软件知识产权、教材及专著等有形科研成果涌流，各类人才辈出，国家及省部级科技成果奖励源源不断，新型仪器研发欣欣向荣，学生优秀毕业论文层出不穷。

在长期的实践和探索研究中，一批杰出人才脱颖而出，能源实验中心已成为油气地质领域高层次人才培养的重要基地。在建设过程中，能源实验中心人面对存在的各种问题，针对性予以探索解决，在实践过程中提出并建立了多种方案，不仅解决了实际的教学与科研相关问题，而且还产出了一批人才建设成果，形成了一个现代化的综合性教学-科研实验中心，产生了一支敢打硬仗、敢于拼搏的队伍，产出了一系列丰硕的成果，在实践过程中取得了显著的良好效果。

5.3 特色仪器和设备研发

利用多种途径和方式，实验室鼓励广大教职工开动脑筋、挖掘资源，群策群力、发挥集体力量上好实验教学这堂课。围绕实验教学改革和特色实验内容，共自主研发了沉积与储层、地球化学、油气成藏分析及工程开发 4 大领域共 20 余种实验教学设备和仪器（表5.4），极大地提升了学生的实验兴趣，提高了实验教学质量，吸引了更多的人员积极投身到实验教学工作中。

表5.4 能源实验中心研发实验教学仪器统计

类型	序号	名称	科研与支撑教学实验	备注	发明/设计人
仪器/设备	1	自循环沉积模拟水槽	沉积、岩石学	自主	张元福等
	2	成岩裂缝物理模拟机	沉积、成岩、裂缝	自主	张金川等
	3	万用复心钻取机	油层物理、储层分析	自主	张金川等
	4	脉冲渗透率测定仪	非常规、储层评价	自主	黄海平等
	5	岩石密闭高效粉碎机	新能源、地球化学、非常规气	自主	张金川等
	6	油气运移追踪分离器	地球化学、成藏、评价	自主	侯读杰等
	7	表面张力法集气量筒	新能源、地球化学、非常规气	自主	张金川等

类型	序号	名称	科研与支撑教学实验	备注	发明/设计人
仪器/设备	8	浅层型高精度含气量测定仪	新能源、地球化学、非常规气	自主	张金川等
	9	深层型高精度含气量测定仪	新能源、地球化学、非常规气	自主	张金川等
	10	解吸速度测定仪	新能源、地球化学、非常规气	联合	张金川等
	11	损失气量测定仪	新能源、地球化学、非常规气	自主	张金川等
	12	残余气量测定仪	新能源、地球化学、非常规气	自主	张金川等
	13	取心解吸集气瓶	新能源、地球化学、非常规气	自主	张金川等
	14	含油率测定仪	新能源、地球化学、页岩油气	自主	张金川等
	15	含气量自动记录仪	新能源、地球化学、页岩油气	自主	张金川等
	16	天然气成分快速分析检定仪	新能源、地球化学、非常规气	自主	张金川等
	17	页岩标准含气量人造岩心	新能源、地球化学、页岩气	自主	张金川等
	18	页岩压裂模拟机	储层改造、油气开发	自主	张金川等
物理模型	19	不同沉积相沙盘物理模型	沉积、储层	自主	王红亮
	20	圈闭	油气地质、资源评价	自主	张金川等
	21	钻井平台	石油工程、钻井分析	联合	郭建平
	22	抽油机	石油工程、钻井分析	自主	郭建平
	23	采油树	石油工程、钻井分析	联合	郭建平

（1）自循环沉积模拟水槽

在考虑了水动力学、机械动力学基础上，设计出模拟不同水流和水动力条件下的沉积物分布形态、沉积结构及构造形态的水槽。通过改变水动力大小、砂质颗粒粒度、沉积坡度等可变条件，模拟不同的大自然条件下沉积物的搬运、沉积、造型等特征，可清楚地展示沉积过程并准确记录形态变化。该仪器可进行过程定量和结果定量模拟，也可进行过程和机理的观察研究。

（2）岩石密闭高效粉碎机

岩石密闭高效粉碎机（图5.6）采用内动力传递的方式，将粉碎动力传递至粉碎腔体内，避免了外动力输送带来的震动性强、噪音大、体积大、时间长、粉碎效果差等问题。设计时考虑到岩石粉碎的硬度大小有变、目数变化有要求、粉尘较多等特点，采用了内封式密闭隔沉降噪设计原理。为了增加单次粉碎量，设计了全口径倒置推样法，实验效果良好，受到了广大同学的一致欢迎和好评。

（3）万用复心钻取机

基于岩心测试考虑并为满足取心要求，实验室设计研发了万用复心钻取机（图5.7），可对各种不规则形状特征的岩心、岩石进行快速取心，取心岩柱长而整、快而轻，特别是对于易碎样品采取抓握而不是扳挤的方式，提高了仪器的广泛适用性。该仪器不仅用于课程实验，而且在科研领域、在批量样品制作等方面，均产生了良好效果。

图 5.6 快速破磨机（密封高效粉碎机）

图 5.7 学生参与万用复心钻取机研发实践

（4）脉冲渗透率测定仪

页岩储层物性致密，流体渗流不再服从达西定律，常规的高压气体流量法渗透率测试难以奏效。脉冲法测试渗透率的基本原理是将待测岩心使用盐水饱和，然后置于两端均连接有标准室的夹持器中。在夹持器的第一标准室中施加脉冲压力信号，记录压力在第一标准室、岩心室和第二标准室中的压力衰减变化，从而达到计算岩心渗透率的目的。该仪器独具特色，被普遍用于非常规油气、储层评价、产能分析等课程实验中（图 5.8）。

（5）含油率测定仪

基于烃类物质遇热软化液化、汽化挥发、变质分解等特点，在不同温度条件下可以得

图 5.8　脉冲渗透率测定仪

到不同的蒸馏产物，由此获知不同温度条件下的产物数量和含量，从而得到除总量之外的含量结构数据。采用高精度产物收集方法，能够得到精准数据，从而能够实现测量岩心微小含油气量、测量不同类型含油气条件下含油气量的目的（图 5.9）。该仪器是原理性参观实习、大学生创新、课外科技等实验的受欢迎仪器。

图 5.9　含油率测定仪

（6）含气量高精度测试系统

借助中国地质大学（北京）在页岩气领域中的特长优势，将科学研究与实验教学兼顾在一起，经过连续 3 年的攻关，结合毛细管原理，目前已经试制出了一系列相关仪器和设备，包括浅层与深层型高精度（毛管法）含气量现场解吸仪、损失气量测定仪、残余气量测定仪、自动记录仪等多台设备（图 5.10，图 5.11），试制了 10 台解吸速度测量仪用于本科班教学实验。

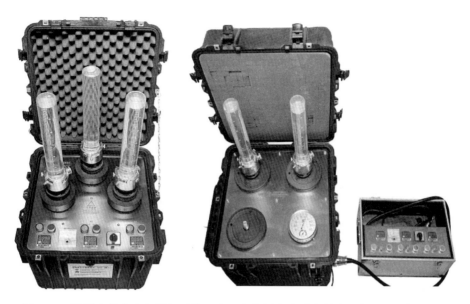

图 5.10 浅层高精度含气量解吸仪（左）和深层全自动高精度含气量解吸仪（右）

图 5.11 残余含气量（全程气密气体含量）测定仪

除此之外，尚有油气运移追踪分离器、成岩裂缝物理模拟机（龟裂机）、天然气成分快速分析检定仪等多种类型设备。油气运移追踪分离器，是在油气运移理论基础上，对分段或异地岩心样品进行有机物抽提，对比其有机物数量、类型、组构，研究并预测气运移的方向和强度。实验过程中需首先将岩心样品挑选出来，然后进行条件完全相同的抽提，对抽提物进行比对分析，测量其浓度，得到对比数据。实验设备涉及加热、恒温水浴、微量分析等过程，适合于大学生 3 人一组进行实验，10 组设备一次性可容纳 1 个自然教学班。自主研发仪器带来了独特的实验教学效果。

充分利用自主研发仪器，利用多项实验设备组合创新实验室教学课程，目前开发的实验课程包括含气量测定实验课、含油率测定实验课、学生自选实验课、大学生科技立项自主实验课、页岩气储层表征综合实验课程等，仅在页岩气领域就配合多门课程开设了特色实验项目（表 5.5）。

表 5.5 部分特色实验课程与实验项目

序号	特色课程设置	课程性质	实验项目
1	新能源勘查技术	本科生选修课	甲烷解吸与吸附、天然气解吸速率、现场解吸、离子抛光与扫描电镜、低温氮气吸附、高压压汞实验、高压高温热模拟、页岩含气量评价等
2	页岩气地质学	定向本科生课程	
3	石油与天然气地质学	本科生必修课	
4	油层物理	本科生必修课	
5	产能分析	本科生必修课	

实验项目包括校级及实验室自拟实验项目，既有开放实验项目，又有自身培育项目；既有针对课程的实验，也有大学生科技立项项目（北京市、学校、学院多层次支持的大学生科技创新活动）的实验。

与此对应，能源实验中心申请并获得了一系列专利（图 5.12），在科研与教学两个领域同时取得了不错成果。

图 5.12 国家发明和美国专利证书

5.4　能源实验中心建设与学科发展（以页岩气为例）

　　实验室建设在很大程度上促进了能源学院的学科建设和发展，对实验教学、科学研究、科技活动等具有重要意义，对地球化学、储层岩矿、测试方法、实验技术、含气性及石油地质产生了积极的推进作用。实验室的发展和建设先后带动了不同学科的快速发展，在海相储层、非常规天然气及页岩气等学科领域均产生了积极作用。以能源实验中心为基础平台，将教学、科研与生产实践紧密结合，中国地质大学（北京）在页岩气理论研究、实验室建设、实验教学、生产实践探索等方面不断探索与实践，取得了积极进展。以页岩气学科发展和建设为例，举例说明如下。

　　结合页岩生气特点研究，中国地质大学（北京）于 2003 年率先发表了我国最早的页岩气系统研究论文。将页岩气概念和理念引入中国，界定了页岩气定义，描述了页岩气特征，探讨了页岩气成藏机理，提出了我国发育页岩气的地质论断，指出了中国页岩气的主要分布和资源前景，首先敲开了我国页岩气学术研究之门，开辟了中国页岩气理论研究和勘探开发实践新领域。

　　2004—2005 年的实验室建设，采购了一批显微镜、渗透率测试仪等实验室仪器和设备，在很大程度上助推了教学实验水平的提高和相关科研能力的增强，促进了对富有机质页岩实验方法的改进和完善。特别是，2009 年实验室条件的不断完善，为页岩气研究提供了更多的支持手段，为我国第一口页岩气发现井（渝页 1 井，2009 开钻并获解吸气）的优选、设计及钻探落实提供了有力支持和帮助，打破了中国没有页岩气的争论，证实了页岩气的确存在，并为后期页岩气的进一步突破指出了方向。

　　在渝页 1 井页岩含气量现场解吸过程中，我们发现沿袭自煤层气的现场解析含气量测试方法和原理并不能很好地适用于页岩含气量测试研究，主要是由于煤岩与页岩在有机质类型、丰度、割理发育、含水性、含气原理、含气总量及含气结构等方面存在较大差异，常会出现煤岩的现场解吸含气量相对较大但可采性和采气能力较低、页岩的解吸气总量相对较小但有可能获得高产的现象。为了对这一关键问题进行合理解决，我们将石油天然气地质与油层物理理论教学与实验教学中的表面现象和力学分析原理引入仪器设计和研制过程中，经过一年多的技术攻关，克服重重困难，2010 年终于研制成功了基于表面张力和毛细管力的高精度含气量解吸仪，使得现场含气量测试精度在同等测试条件下得到了量级性跨越和提高。该仪器能够将绝对误差控制在 2 mL 以内，适用于各种类型页岩的含气量解析，特别是小、碎样的低、微含气总量测试及含气结构测试。

　　随后，一系列相关仪器和设备研发的技术难关不断被攻克，岩心握持器、全封闭式高效降噪粉碎机、全程密闭的粉碎-升温-解吸全自动残余气解吸仪、损失气测试仪等第一代样机如雨后春笋般相继问世，为我国的页岩含气量测试和高精度准确数据的取得提供了优质解决方案。2011 年，高精度吸附气含量测量仪及其实验方法获得国家发明专利授权。2013 年，"Adsorbed gas content measuring instrument and its testing method" 获得美国发明专利。

　　2014 年，能源实验中心与北京华油油气技术开发有限公司联合承担了北京市科技成果落地转化"页岩含油气量测定系统和遇液膨胀封隔器研制"重大项目，试制成功了系统化的新一代高精度仪器和设备，主要包括浅层解吸气、深层解吸气、损失气、残余气、含油率、万用复心钻取机以及遇水、遇油、延迟型膨胀封隔器等仪器和设备，已累计自主研发仪器设备近20台套，为社会提供了多种类型含气量测试与分析的系列仪器和设备，提交国家发明专利40余项，已获得近20项国家发明专利授权，申请获得一批计算机软件著作权。

在授权的专利中，目前已有20项被开发应用于仪器和设备设计生产过程中，设计研制了近20种页岩含气性评价相关仪器设备，相关仪器设备已在全国23个省（市）获得了广泛应用，在美国也获得了好评。专家鉴定委员会一致认为，仪器设备整体达到了国际先进水平，部分处于国际领先水平。

借助实验室的良性运转和发展，能源实验室先后召集/主办了全国第一个页岩气领域香山科学会议——第376次香山科学会议"中国页岩气资源基础及勘探开发基础问题"（2010）、"页岩气国际学术研讨会"（2011）、"第二届页岩气国际学术研讨会"（2014）、页岩气技术培训与咨询等一系列大型会议和公益活动。先后与国土资源部油气资源战略研究中心、陕西延长石油集团、中国地质调查局油气资源调查中心、华油能源集团、河南豫矿地质勘查投资有限公司等单位签订了建设页岩气研究基地（2011）、页岩气人才培养基地（2011）、地学研究生联合培养基地（2014）、联合油气藏地质/工程技术研究中心（2014）、南华北海陆交互相页岩气勘查评价技术应用试验基地（2016）等协议，采用多种方法培养了多批次页岩气高级专业技术人员。

页岩气实验室的建设和发展，为科学研究创造了良好的实验条件和平台条件。2012年，由中国地质大学（北京）与国土资源部油气资源战略研究中心申请共建的国土资源部页岩气资源战略评价重点实验室予以立项建设（2017年通过建设验收），进一步推高了能源实验中心的建设水平。自2006年以来，分别承担了国家自然科学基金委项目、科技部国家十三五重大专项课题、国土资源部重大专项项目、北京市重大项目以及教育部、贵州省、河南省、辽宁省、河北省、中石油、中石化、陕西省延长石油集团等重大/重点项目以相关石油企业合作研究项目，解决了一大批理论、技术及生产应用等具体问题，产出了一系列高水平研究成果，为我国页岩气产业发展做出了突出贡献。

自2003年我国第一个页岩气地质方向本科生毕业（张德明，毕业论文《页岩气成藏分布及应用》）、2010年我国第一个页岩气地质方向博士研究生毕业（聂海宽，毕业论文《页岩气聚集机理及其应用》）以来，能源实验中心目前已培养页岩气方面博士研究生上百人、硕士研究生数百人、本科生近千人，培训社会在职人员数千人。据不完全统计，能源实验中心目前已产出高水平页岩气学术研究论文500余篇。其中，单篇论文引用率1500次（为我国页岩气领域最高），10余篇论文入选领跑者F5000。

通过不断的努力和实践，能源实验中心在页岩气学科领域取得了显著成绩，可简单归纳为6个基本方面。

1）提出了中国地质特色页岩气理论。系统提出了中国复杂地质背景条件下的页岩气形成地质理论，即沉积作用控制了页岩的厚度与空间分布、有机质类型、有机碳含量、矿物成分及原始有机质保存条件，决定了页岩在不同条件下的生烃类型、数量及速度等特征参数；构造作用控制了页岩的埋藏与成岩、有机质成熟、孔隙演化、能量交换、流体活动及页岩保存；成藏作用控制了页岩气的形成和富集、微距离运移、聚散过程及甜点分布，决定了页岩的含气能力、含气量及可采性。指出多种成藏要素的互补降低了页岩气成藏的临界条件，中国南方下古生界发育地区（重庆的渝东南一带）是最有望获得页岩气首先突破的地区，认为不同盆地类型的海相-过渡相-陆相富有机质页岩和不同时代的高过成熟富有机质页岩等，均有形成页岩气的机理条件。从美国到中国，分别将成熟页岩延伸至高过成熟页岩，前陆盆地页岩气延拓至前陆、坳陷及裂谷盆地页岩气，海相页岩气扩展至海相、陆相和海陆过渡相，上古生界页岩气拓展至从中、新生代到中、新元古代的各个时代。中国特色地质理论奠定了我国页岩气快速发展的基础，有效地推进并指导了我国页岩气的生产实践。

2）中国页岩气分布规律及早期发现。确定中国发育12套页岩气有利层系，系统揭示了我国页岩气形成与富集地质规律。建立了下古生界海相、上古生界海陆过渡相、中-新生界陆相富有机质页岩发育和页岩气富集典型模式，指出有机质热演化程度与构造保存、页岩单层厚度与岩性组合、页岩发育稳定性与熟化作用分别是海相、过渡相及陆相页岩气富集的主控地质因素，揭示了高过成熟度海相、中低成熟度陆相及广泛分布的海陆过渡相页岩气富集规律。创建了适用于我国复杂地质条件的页岩气早期地质调查与评价技术体系，获得了一系列我国最早的页岩气钻井发现。与国土资源部油气资源战略研究中心一道，2009年率先在渝东南地区钻获我国最早的页岩气（渝页1井，五峰组-龙马溪组，后来成为国务院将页岩气列为新矿种（2011）的基本依据），2011年又率先在黔北地区获得四川盆地外最早的页岩气发现（岑页1井，牛蹄塘组，后期压裂见气流），同年在最古老的地层中钻获页岩气（渝科1井，新元古界陡山沱组解吸见气）。随后，又分别在海陆过渡相和陆相地层中优选设计钻井并发现了页岩气（如DY-1井、阜页1井等），经压裂后见气流。这些早期页岩气发现，引领了我国页岩气事业，产生了巨大的社会效益。

3）中国页岩气有利选区与资源评价。与国土资源部油气资源战略研究中心一道，系统提出了页岩气选区标准、概率体积法页岩气资源评价方法，制定了一系列页岩气调查研究和评价技术规程，规范了页岩气选区和资源评价工作基本流程。2011年完成了全国页岩气有利选区和资源评价，相关评价结果全部为国土资源部采纳并于2012年向社会发布。2014年，该项成果获得国土资源科学技术一等奖。2015年又完成全国页岩气动态资源评价汇总和计算，两次页岩气有利选区和资源评价成果均为国家能源战略规划提供了重要参考。与中国地质调查局油气中心、陕西省延长石油集团及中石油、中石化、贵州省、河南省等部门和单位合作，对具有不同特点的典型地区联合开展页岩气有利选区和资源评价，为不同地区页岩气资源前景利用规划提供了有力支撑。

4）仪器设计与研制。针对含气量现场解析不能满足页岩含气量理论和测试要求的现状，提出了毛细管法含气量测试新理论、新方法、新技术，研发制造了全新的系列化成套设备和仪器，在全国23个省份120多口钻井中得到了系统应用。研制了采用分子精度标准的含气量测试标定样品，解决了现实生产过程中的急需解决的问题，目前已获得一批国内外发明专利。自主研发的仪器被专家组评价为填补了国内外空白，整体处于国际先进、部分达到国际领先水平。

5）科普工作成效显著。除通过理论和实验教学系统传播页岩气专业知识外，还通过联合办班、定向培养、集中培训、技术研讨等多种途径和方式，为社会培养了一大批页岩气高级专业人才。2001 年以来，开设了社会开放性非常规天然气地质学课程，培养了一大批页岩气、致密砂岩气等非常规天然气技术人才，最近 8 年来，已累计在不同单位进行了 150 场次的页岩气理论、技术及应用等培训讲座和科学普及，极大地带动了我国整体对页岩气的快速认知。2016 年在中国电力出版社出版了《三小时读懂页岩气——会"出气"的黑石头》科普著作；2017 年，在华东理工大学出版社出版了"页岩气原理与技术"和"Principle and Technology of Shale Gas"视频 2 部；另有一系列科普作品在创作和出版过程中。

6）建成了一系列高水平科研与教学实验室、联合公关平台、野外观察/实习基地及现场联合研究基地等平台，极大地拓展了实验室空间范围及资源利用途径。几年来，先后出版页岩气专著十余部，2016 年主编出版了国内外第一套页岩气产业系列丛书——"十三五"国家重点图书/国家出版基金项目《中国能源新战略——页岩气》系列丛书（20册）（华东理工大学出版社）；2017 年，华东理工大学出版社与斯普林格出版社签订协议，《中国能源新战略——页岩气》系列丛书实现版权输出；2018 年，该套丛书获得第 15 届上海图书特等奖。

5.5 能源实验中心发展展望

能源学院具有积淀厚重而起点基础高、专业面广而横向跨度大的特点，能源实验中心传承专业历史，光大学术精华，目前正以全新的视角、崭新的思维不断成长，积极引进现代化实验教学手段，高度重视学生动手能力的培养，发展规划新的实验方法和技术，全力配合学科发展和建设（图 5.13）。突出自身特点和专业强势，以"面向师生、着眼未来、重在基础、坚持发展、开放共享"为指导思想，避免了目标不明、思路不清、资源浪费等问题。

图 5.13　能源实验中心内部工作会议

能源实验中心采取"平台-模块-实验"组合模式，使能源学院地质资源和地质工程、油气田开发工程、能源地质工程、煤及煤层气工程4个专业方向的教学实践与科技活动形成一条龙体系，规避了勘探与开发分离、室内与室外各自独立的实验室建设特点；坚持"共谋-共建-共管-共享"原则，以多种形式的开放模式努力为院内外师生和校内外朋友提供优质服务，克服了各实验室独立、分散、资源不能共享等制约实验中心发展并影响资源使用效率等障碍问题。

能源实验中心以教职员工的整体实力投入为后盾，以学生喜爱并从中得到知识实惠为追求，目前正在闯出一条方向明确、特色突出、思路清楚、功能强大的独特发展道路，近年来已经先后接受了国内多家多批次相关实验室专业建设人员的观摩考察（图5.14），成为了受到多家参考的重要借鉴模式。可以相信，随着实验室软硬件建设的进一步加强，一个实验功能更加强大、实验效果更加突出的全新实验室很快将会矗立于中国地质大学（北京）并形成一道新的绚丽风景。

图 5.14 实验室开放

未来的实验室建设还需要积极开展国际直通化建设，以重点科技攻关为目标，以高水平研究成果带动学科发展。能源实验中心将进一步有计划地凝练实验特色、改进实验方法、锻造实验人才、推出实验成果，筹建联合国内外优势力量、联系地质能源相关领域单位、联动同领域兄弟院校的系统化实验室平台，打造谋-建-管-享关联的一体化实验室建设与发展体系，形成取长补短、互通有无、相互借鉴、在地质领域内具有先进性、前沿性及代表性的更高层次实验室平台，实现进一步辐射全国相关应用领域、带动相关技术高速发展与应用、提高人才培养能力的目标。

参考文献

陈国辉，刘有才，刘士军，等. 2015. 虚拟仿真实验教学中心实验教学体系建设. 实验室研究与探索，34 （8）：169-172.

陈鹏勇. 2010. 创新实践教学模式培养高素质创新人才. 中国大学教学，（5）：83-85.

陈宪明. 2011. 论高校实验室管理的观念创新. 实验技术与管理，28(2)：21-23.

崔芷君，谢冬婵，匡谨，等. 2017. 基于虚拟现实技术的心理学实验教学资源建设. 实验技术与管理，34 （3）：194-198.

董焱. 2011. 基于虚拟化技术的实验教学中心环境构建. 实验技术与管理，28(3)：299-302.

范蕾. 2014. 发达国家在大学开展虚拟生物学实验教学的经验及启示. 实验室研究与探索，33(1)：20-23.

方东红，荆晶，岳鑫隆. 2016. 高校实验室管理机构及工作的定位思考与实践探索. 实验技术与管理，33 （4）：1-4.

方如康. 1985. 我国的自然资源及其合理利用. 北京：科学出版社.

冯峰，孙聪，曲先强，等. 2014. 船海虚拟仿真实验教学中心的建设与发展. 实验技术与管理，31（1）：11-14.

高东锋，王森. 2016. 虚拟现实技术发展对高校实验教学改革的影响与应对策略. 中国高教研究，（10）：56-59.

郭跟成，刘勇，郑金甫. 2005. 软件开发中文件或数据库系统的选择策略. 河南科技大学学报（自然科学版），26(6)：40-42.

郭少斌，李福迎，朱建伟，等. 1994. 《石油地质学》教学改革尝试. 中国地质教育，（4）：26-27.

郝伟，曹代勇，彭宏钊. 2013. 煤地质学网络信息资源分析及整合方式研究. 中国科技信息，（11）：125-126.

洪源渤，衣晓青. 2005. 论高等工程教育中的实践教学最优化. 高等工程教育研究，2005(3)：5-8.

胡今鸿，李鸿飞，黄涛. 2015. 高校虚拟仿真实验教学资源开放共享机制探究. 实验室研究与探索，34(2)：140-144.

胡迎松，彭利文，池楚兵. 2003. 基于.NET 的 Web 应用三层结构设计技术. 计算机工程，29(8)：173-175.

霍宏旭. 2006. 国家岩矿化石标本资源信息网站设计与应用（硕士学位论文）. 北京：中国地质大学（北京）.

季林丹，朱剑琼，徐进. 2014. 国家级实验教学示范中心十年建设工作总结. 实验室研究与探索，33(12)：143-146.

贾博文，张文军，李小勇. 2015. 面向虚拟机的分布式块存储系统设计及实现. 微型电脑应用，31（3）：32-37.

兰先芳. 2016. 基于信息技术的高职课堂"理论、虚拟仿真、实践"三层次递进教学模式的应用. 职大学报，（2）：108-110，118.

李冰. 2015. 高校实验室管理理念创新的内容与对策研究. 教育评论，（12）：72-74，114.

李兵，王玉凤，贺占魁，等. 2016. 生物学虚拟仿真实验教学资源建设. 实验技术与管理，33（12）：171-173.

李春艳，易烨. 2014. 虚拟仿真实验室的建设与实验教学的改革. 中国管理信息化，（24）：114-115.

李亮亮，赵玉珍，李正操，等. 2014. 材料科学与工程虚拟仿真实验教学中心的建设. 实验技术与管理，31（2）：5-8.

李平，毛昌杰，徐进. 2013. 开展国家级虚拟仿真实验教学中心建设，提高高校实验教学信息化水平. 实验室研究与探索, 32(11): 5-8.

李增学, 刘海燕, 刘莹, 等. 2009. "煤地质学"课程教学与改革. 中国地质教育, (1): 114-117.

梁佩瑜. 2017. 微课在小学信息技术课堂中的作用与设计. 教育信息技术, (Z1): 77-78.

刘海燕, 李增学, 吕大炜. 2011. 探讨"煤地质学"课程丰富实践教学的方法. 山东煤炭科技, (1): 141-142.

刘亚丰, 苏莉, 吴元喜, 等. 2017. 虚拟仿真教学资源建设原则与标准. 实验技术与管理, 34(5): 8-10.

刘亚琴, 丁勤德, 何洲俊. 2009. 影响当代大学生学习动力因素的调查与分析. 中国电力教育, (8): 145-147.

刘祖润, 聂荣华, 吴亮红. 2003. 高等工程教育实践教学体系的改革. 实验室研究与探索, 22(2): 4-7.

罗建波, 陈文胜. 2008. 如何做好实验室质量管理体系的持续改进. 华南预防医学, (6): 76-78.

罗文广, 陈文辉, 胡波, 等. 2013. 电气信息类专业多元化实践教学模式的构建. 实验室研究与探索, 32(5): 137-141.

罗晓东, 尹立孟, 王青峡, 等. 2016. 基于虚拟仿真技术的实验教学平台设计. 实验室研究与探索, 35(4): 104-107.

潘海涵, 赵玉茹, 徐世浩. 2015. 实验教学示范中心再建设的思考. 高等工程教育研究, (4): 189-192.

潘清, 李宁, 刘文艳, 等. 2015. 虚实融合的计算机实验教学平台的搭建研究. 实验技术与管理, 32(9): 109-112.

蒲丹, 周舟, 任安杰, 等. 2014. 多层次综合性虚拟仿真实验教学中心建设经验初探. 实验技术与管理, 31(3): 5-9.

宋敬敬. 2016. 高校内部教学评估信息化的实践探索. 大学教育, (4): 182-183.

孙建林, 负冰, 姜伟. 2016. 实验教学示范中心与虚拟仿真实验教学中心相互融合协同发展. 实验技术与管理, 33(9): 208-210.

谭伟. 1992. 实践教学在高等工程教育中的地位与作用. 江苏高教, (4): 37-39.

腾厚雷, 文芳. 2012. 分布式虚拟现实技术及其教育应用研究. 攀枝花学院学报, 29(4): 126-128.

滕利荣, 孟庆繁, 逯家辉, 等. 2007. 国家级生物实验教学示范中心建设的研究与实践. 中国大学教学, (7): 36-38.

王煌. 2009. 高水平建设实验教学示范中心全面提升人才培养质量. 中国高等教育, (6): 17-19.

王娟, 陈瑶. 2016. 资源建设新形态: 虚拟仿真资源的内涵与设计框架. 中国电化教育, (12): 91-96.

王森, 李平. 2016. 2014年国家级虚拟仿真实验教学中心分析. 实验室研究与探索, 35(4): 82-86.

王甜, 王茂林, 林宏辉. 2016. 生物类虚拟仿真实验教学中心建设中的问题与对策. 实验室研究与探索, 35(4): 153-156.

王卫国. 2013. 虚拟仿真实验教学中心建设思考与建议. 实验室研究与探索, 32(12): 5-8.

王晓东, 朱华, 张亮. 2015. 加强实验教学示范中心建设促进实验教学改革. 实验室研究与探索, 34(1): 150-153.

王颖, 路紫. 2008. 我国岩矿化石数据库的类型划分及省级模式设计——以河北省岩矿化石数据库建设为例. 山东师范大学学报(自然科学版), 23(3): 103-105, 109.

王泽中, 刘绍平, 吴东胜, 等. 1997. 地球物理专业《石油地质学》教学改革尝试. 石油教育, (12): 36-37.

王震亮. 2004. "石油与天然气地质学"课程教学改革中的有益尝试. 高等理科教育, (4): 60-63.

吴迪, 朱昌平, 钟汉, 等. 2014. 精细化管理促进高校实验教师队伍建设. 实验室研究与探索, 33(10): 242-245.

吴砥, 徐建, 张成伟. 2012. 多学科通用虚拟实验教学标准体系的研究、设计和实践. 华东师范大学学报(自然科学版), (2): 106-113.

吴淑琪. 2013. 中国地质实验测试工作六十年. 岩矿测试, 32(4): 527-531.

肖建新，黄海平，张金川. 2009. 单元课堂讨论式教学法研究与实践—本科专业基础课"能源地质学"教学改革. 中国地质教育，3：111-113.

谢安建，王礼贵. 2012. 高校实验室管理工作的创新性探索. 实验室研究与探索，31(4)：271-273，288.

熊金波，蔡声镇，蔡丽萍，等. 2011. 实验中心网络管理方法改革与实践. 福建师范大学学报(自然科学版)，27(3)：232-237.

徐磊. 2016. 加强高校实验队伍建设与实验室建设管理. 改革与开放，(20)：126，128.

许秀云，张玉梁. 2011. 依托现代信息技术提高实验教学质量. 实验室研究与探索，30(5)：130-132，139.

闫琼. 2016. 大学生深度参与高校实验室管理模式的研究. 实验技术与管理，33(1)：247-249，260.

杨艳平，杨中秋. 2007. 对高等学校实验教学示范中心建设与管理的探讨. 实验室科学，10(1)：1-4.

余少华，关勇，戴一奇. 2004. 数据挖掘在日志管理中的应用. 计算机工程与应用，40(15)：178-181.

郁鹏，万桂怡. 2016. 虚拟仿真技术的医学实验教学研究. 实验室研究与探索，35(11)：99-102.

贠冰，孙建林，熊小涛，等. 2012. 材料科学与工程虚拟仿真实验平台建设的研究. 实验技术与管理，29(3)：301-303.

袁洁，王富华. 2008. 实验室检测方法的评价与选择原则. 环境，(z1)：37-39.

张洪奎，朱亚先，夏海平，等. 2009. 国家级实验教学示范中心建设的探索与实践. 高等理科教育，(1)：22-26.

张敬南，张镠钟. 2013. 实验教学中虚拟仿真技术应用的研究. 实验技术与管理，30(12)：101-104.

张文兰，倡新学，李喆. 2011. "多层次、综合化实验教学体系"促进数字传媒技术实践创新人才培养的研究与实践. 电化教育研究，(4)：96-100，105.

张喆. 2016. 在实践教学中如何更好地加强实验室的建设与管理. 新校园，(05)：173.

章颖. 2014. 国家级实验教学示范中心功能与作用探讨. 实验室研究与探索，33(2)：139-142.

赵志学. 2009. 基于.net 的三层架构 B/S 工作日志管理系统设计与实现. 电脑学习，(4)：41-43.

周海，徐晓明，陈西府，等. 2017. 虚实结合的模具设计制造实践教学体系构建. 教育教学论坛，(9)：141-144.

周康民，黄光明，罗惠芬，等. 2008. 江苏地矿实验室生存发展新思路. 江苏地质，32(2)：151-154.

周世杰，吉家成，王华. 2015. 虚拟仿真实验教学中心建设与实践. 计算机教育，(9)：5-11.

祝智庭，贺斌. 2012. 智慧教育：教育信息化的新境界. 电化教育研究，(12)：5-13.

祖强，魏永军. 2015. 国家级虚拟仿真实验教学中心建设现状探析. 实验技术与管理，32(11)：156-158.

附录1 能源实验中心部分代表性仪器设备 (2017)

能源实验中心部分代表性仪器设备

仪器名称	型号	原产地	购置日期
原子力显微镜	FM-Nanoview 6800AFM	中国	2017.11.24
核磁共振测定仪	QSHC	中国	2017.05.05
金相显微镜	LV100ND	日本	2017.03.23
四轴万能数控钻床	S2001	中国	2016.12.19
屏幕显微镜	US4	中国	2016.12.19
3D 摄像机	Insta360 4k	中国	2016.12.18
野外矿石分析仪	NITONXL3t950	中国	2016.11.30
野外伽马仪	HD-101GN	中国	2016.11.30
便携式矿石分析仪	OLYMPUS Innov-X X-5000	中国	2016.11.30
全自动岩心流动试验仪	LDY50-180	中国	2016.04.01
气体孔渗联测仪	KS-VI	中国	2016.04.01
二氧化碳驱替装置	订制	中国	2015.12.01
超级岩心高速冷冻离心机	CSC-12	中国	2015.12.01
碳硫分析仪	CS744-MHPC	中国	2015.11.30
密封碎样机	自研	中国	2015.11.01
可调式岩心夹持取样机	自研	中国	2015.11.01
核磁共振岩心分析仪	SPEC-RE1-050	中国	2015.11.01
矿石元素分析仪	XL3t 955	美国	2015.10.01
高压反应釜成套设备	订制	中国	2015.10.01
工程验震仪	DZQ6-2A	中国	2015.09.01
氩离子抛光仪	679.C	美国	2015.07.01
突破压力测定仪	UtosorbiQ2	美国	2015.07.01
数显黏度计	DV2TLV	美国	2015.06.01
三维打印机	Dimension sst1200es	美国	2015.05.01
残余气测定仪	自研	中国	2015.05.02
页岩含油气量测定系统	自研	中国	2015.04.01
流变仪	MCR302	中国	2015.01.01
接触角测定仪	DSA30	德国	2015.01.01
岩石力学参数测定系统	YSSZ-2000	中国	2014.12.01
吸附气解析仪	自研	中国	2014.12.01
全自动比表面及孔径分析仪	3H-2000PS1	中国	2014.12.01
全信息声发射信号分析仪	DS2-16B	中国	2014.12.01

仪器名称	型号	原产地	购置日期
含气量测定系统	联合研制	中国	2014.12.01
高温高压岩石试验机	YSSZ-2000	中国	2014.12.01
高温高压测试仪	订制	中国	2014.12.01
稠油裂解反应器	HTP50-1000	中国	2014.12.01
X射线纳米分析系统	Mini-SEM SX-1500	美国	2014.12.01
全直径岩心饱和度测定仪	csc-10	中国	2014.11.01
高温高压热模拟仪	500*500*240	中国	2014.11.01
煤岩显微分析系统	Axio scope A1	德国	2013.11.01
高压岩心夹持器	订制	中国	2013.10.01
页岩油测定仪	自研	中国	2013.06.01
深层解析仪	自研	中国	2013.06.01
浅层解吸仪	自研	中国	2013.06.01
Smart-Perm渗透率测试仪	自研	中国	2013.04.01
煤储层物性低场核磁共振分析系统	MiniMR60	中国	2012.09.01
阴极发光仪	RELION Ⅲ CL	美国	2011.05.01
稳定同位素比质谱仪	MAT253	德国	2011.05.01
透反射偏光显微镜	Axioskop 40A	德国	2011.05.01
扫描电子显微镜	TESCANVEGA Ⅱ LSH	捷克	2011.05.01
孔渗联合测定仪	FY-Ⅱ	中国	2011.05.01
三轴驱替装置	订制	中国	2011.03.01
平衡水测定仪	订制	中国	2011.03.01
工业分析测定仪	MACⅢ	中国	2011.02.01
颚式破碎机	JC150*125	中国	2011.02.01
等温吸附仪	KT102	中国	2011.02.01
便携式γ射线测定仪	hds-100g	法国	2011.01.01
压汞仪	AUTOPORE IV 9510	美国	2010.12.01
比表面孔径测定仪	ASAP 2020M	美国	2010.12.01
全自动孔渗测定仪	KS-2	中国	2010.11.01
台式切割机	订制	中国	2010.06.01
激光粒度分析仪	MS2000	英国	2010.06.01
数显碳酸盐含量测定仪	GMY-2	中国	2009.12.01
三级四级杆串联质谱仪	320GC/MSMS SYSTEM	美国	2009.12.01
全直径孔渗测试仪	DYX-1	中国	2009.12.01
气相色谱质谱联用仪	5975C	美国	2009.12.01
离子色谱仪	2CS-2000	中国	2009.12.01
多功能高效岩心洗油仪（岩心抽提实验装置）	联合研制	中国	2009.12.01

仪器名称	型号	原产地	购置日期
地质构造模拟实验装置	订制	中国	2009.12.01
透射偏光显微镜	E200POL	日本	2009.11.01
气相色谱仪	7890A	美国	2009.11.01
油气评价工作站	OGE-II	中国	2009.09.01
专业透反射偏光显微镜	BK-POLR	中国	2009.06.01
流体力学综合试验仪	LTZ-15	中国	2009.06.01
沉积地质实验室沙盘	订制	中国	2008.12.01
岩石润湿电阻率联测仪	Syrd-1	中国	2008.04.01
高压半渗与电性联测仪	GBY-2	中国	2008.04.01
多功能岩心驱替装置	订制	中国	2007.01.01
黏度计	LVDV-1+	美国	2006.12.01
采油模型		中国	2006.01.01
气体平面径向稳定渗流模拟实验装置	订制	中国	2005.09.01
两相垂直管流模拟实验装置	订制	中国	2005.09.01
三目偏光显微镜	DMEP	德国	2005.06.01
气体渗透率测定仪	STY-2	中国	2005.06.01
钻机模型	订制	中国	2005.03.01
抽油机模型	联合研制	中国	2005.03.01
旋转蒸发仪	RE-52A	中国	2005.01.01
工程扫描仪	GK67D	美国	2005.01.01
石油黏度测定仪	SYD265B	中国	2004.12.01
石油密度试验器	SYD1884	中国	2004.12.01
岩石比表面测定仪	BMY-II	中国	2000.11.01
气体孔隙度测定仪	QKY-II	中国	2000.11.01
阴极发光显微镜	ELM-2B	中国	1985.11.01
显微光度计	MPV-2	德国	1980.05.01
偏反光显微镜	SM-LUX-POL-D	德国	1978.06.01
实体显微镜	HENSOLDT	德国	1953.12.01

附录2 能源实验中心发展简史

能源实验中心发展简史（1952—2017）

时间	记事
2017	国土资源部页岩气资源战略评价重点实验室通过验收并正式运行
	李治平任能源学院院长（2017—）
2016	能源实验中心下设能源实验教学分中心和能源实验科研分中心
	能源地质与评价虚拟仿真实验教学中心荣获2015—2016年实验室管理先进集体
2015	能源实验教学中心荣获中国地质大学（北京）2013—2014年度实验教学中心（实验室）先进集体
2014	能源地质与评价国家级虚拟仿真实验教学中心予以立项建设
	地质资源勘查国家级实验教学示范中心（能源分中心）通过建设验收并正式运行
	地质资源与勘查北京市实验教学示范中心（能源分中心）通过建设验收并正式运行
	与中国地质调查局油气资源调查中心签署协议，共建地学研究生联合培养基地
	与华油能源集团有限公司签订战略合作协议，接受华油能源集团有限公司井下工具捐赠和华油奖学金，建立了联合油气藏地质/工程技术研究中心
	聘任王宏语为能源实验中心副主任，分管实验教学中心工作
2013	海相储层演化与油气富集机理重点实验室通过建设验收，正式开始运行
	划分为8个实验室，即盆地与构造、沉积与储层、地球化学与成藏、煤层气储层物性、页岩气资源评价、能源信息、油气藏开发机理与数值模拟及非常规油气藏提高采收率实验室，对应聘任何金有、张元福、李开开、姚艳斌、唐玄、芦俊、赖枫鹏及胡景宏为实验室主任
2012	地质资源勘查国家级实验教学示范中心予以立项建设，由地球科学与资源学院、能源学院、地球物理与信息技术学院、工程技术学院联合建设
	聘任金文正为能源实验中心副主任，分管科研重点实验室工作
	辽河油田成为能源学院卓越工程师计划人才培养落地单位
	非常规天然气能源地质评价与开发工程北京市重点实验室予以立项建设
	国土资源部页岩气资源战略评价重点实验室立项建设，由中国地质大学（北京）与国土资源部油气资源战略研究中心共建
2011	国家煤层气工程中心煤储层物性实验室通过验收，开始运行
	与陕西延长石油集团共建了页岩气人才培养基地，"订单式"培养了一批页岩气高级专业技术人员
	与国土资源部油气资源战略研究中心签署页岩气产学研合作协议，共建页岩气研究基地，支撑完成了全国页岩气资源评价
2010	哈里伯顿公司捐赠中国地质大学（北京）能源实验中心50套Landmark系统软件，中国地质大学（北京）与哈里伯顿公司联建Landmark地学软件油藏研究中心

时间	记事
2009	地质资源与勘查北京市实验教学示范中心立项建设，由地球科学与资源学院、能源学院、地球物理与信息技术学院、工程技术学院联建
	与胜利油田签署协议，共建产学研实习基地。胜利油田产学研基地成为"北京市高等学校市级校外人才培养基地"
	通过答辩，能源实验中心被遴选为中国地质大学（北京）校级实验教学中心——能源实验教学示范中心
	聘请毛小平负责能源信息室工作（2009—2013）
2008	能源实验中心从测试楼整体搬迁至科研楼
2007	教育部下文，批准依托于中国地质大学（北京）的海相储层演化与油气富集机理重点实验室予以立项建设
	与辽河油田签署科研合作及产学研基地建设协议
2006	国家发展和改革委员会《关于组建煤层气开发利用国家工程研究中心的批复》（发改高技〔2006〕368号）文件，批准煤层气开发利用国家工程研究中心成立，中国地质大学（北京）建立煤储层物性实验室
2005	能源实验室改为能源实验中心，组建形成了能源地质工程、石油工程及能源信息工程3个实验室，建成能源科技信息（能源基础）分室和油气田开发分室
	改变了"一小、二旧、三空、四缺、五可怜"状况，达到了辅助41门课程、承担92个实验项次、能够完成100余个实验项目的能力和水平
2004	实验室"以评估促建设"，本科教学评估专家初查实验室建设，形成"一小、二旧、三空、四缺、五可怜"的评价
	实验室按照能源科技信息（新开）、沉积岩石学（恢复重建）、有机地球化学（恢复重建）、油层物理（改造）、油气田开发（新开）、数值模拟（改造）及能源信息分析等7个分室进行设置，分别由李治平、唐书恒、侯读杰、张金川等牵头，先后由侯晓春、郭建平、王宏语、李胜利、刘鹏程、刘景彦、陈永进、李哲淳、廖永萍、王兰等负责分室建设
	与中原油田建成了本-硕-博多层次联合人才培养基地，建成工程硕士联合办学点
	聘任张金川为能源地质系实验室主任，当年改为能源实验中心主任
	樊太亮任能源系主任（2004—2016），当年改为能源学院院长
2003	与中原油田签署共建产-学-研基地协议书
	聘任侯读杰为实验室主任
2002	与胜利油田孤岛采油厂签署共建产学研基地协议
2001	石油工程实验室被评为北京市高等学校基础课评估合格实验室
2000	聘任王晓冬为石油工程实验室主任，建成油层物理和数值模拟两个分室，侯晓春、郭建平、刘琴等参与建设
	黄文辉负责筹建化学分析室，2003年划归地学实验中心
1999	邓宏文任系主任（1999—2004）
1998	实验室从教八楼搬迁至测试楼，大部分标本被丢弃，少量置于测试楼走廊。仪器老旧、淘汰、报废，几乎无保留
	在测试楼425室建成能源地质系工作站机房，由王宏语负责

时间	记事
1997	与胜利油田共建产学研基地
1996	林畅松任系主任（1996—1998）
1995	北方煤田测试中心撤销，仪器设备转至材料系和学校地学实验中心
1994—1986	帅开业任系主任（1993—1996）
	杨起当选中国科学院院士（1991）
	徐怀大任系主任（1988—1993）
1985—1978	陈发景任系主任（1984—1988）
	黄光复、赵隆业与原煤田教研室联合组建北方煤田测试中心（1983）
	煤田地质及勘探专业恢复煤岩实验室（潘治贵负责）、煤化学实验室（苏玉春负责）、沉积岩实验室（傅泽明、李宝芳、温显端负责）
	石油地质及勘探专业恢复/组建有机地球化学实验室（卢松年、高品文、顾惠民等负责）、构造地质实验室（刘和甫、吴振明、陈发景等负责）、沉积实验室（王德发、郑浚茂等负责）以及生物气实验室（陆伟文、海秀珍等负责）
1977—1976	不详
1975—1969	组建有机地球化学实验室（张爱云负责，1973），除教学外还长期对外开放
	实验室随学校辗转江陵后落脚武汉，实验仪器、设备、标本等损毁较为严重
1968—1961	不详
1960	李宝芳负责的煤田地质实验室在全校实验室整改工作中获先进称号
1959	组建沉积岩实验室（傅泽明负责）和煤岩实验室（潘治贵负责）
1958—1957	陈庸勋等一半教员分流至新成立的成都地质学院
1956	组建化学分析室（先后由黄仕永和杨焕祥负责）
	潘钟祥任石油天然气地质与勘探系主任（1956—1969）
1955—1952	煤田地质及勘探专业建成煤化学（黄仕永负责）、找矿勘探（赵隆业、鲍亦冈负责）、煤田地质（方克定、李之鑫、傅泽明负责）实验室（1955）
	石油地质及勘探专业建成化探（黄少民负责）、油矿地质（崔武林负责）、石油地质（李宝敏负责）、地球化学（李宝敏负责）实验室（1955）
	可燃矿产地质及勘探系从矿产地质及勘探系中分离出来（1954）
	按苏联模式建制，筹建早期实验室
	王鸿祯任地质矿产及勘探系主任（1952—1955）

附录3 实验室承担教学任务情况调查表（2004）

（1）中国地质大学（北京）院（系）教学实验室调查表

院（系）：能源学院　　填表日期：2004 年 11 月 1 日

序号	实验室名称	实验室类型*	建筑面积含公用面积/m²	地点	负责人	电话	实验员	开出实验题目数	实验学时数/年	实验人时数/年	自主开放项目数	设计性实验项目数	开放时间
1	能源科技信息室（新开）	公共基础	44	测试楼434室	张金川	82320848	李胜利（兼职）	6	18	1154	6	4	预约开放
2	沉积岩石学室	专业基础	45	测试楼330室和332室	唐书恒	82320601	李哲淳	4	30	984	4	3	预约开放
3	有机地球化学室	专业基础	80	测试楼324室、326室、328室	侯读杰	82320611	李哲淳	3	10	692	3	3	预约开放
4	油层物理室	专业基础	44	测试楼432室	李治平	82320106	侯晓春（兼职）	6	20	1270	6	3	预约开放
5	油气开发室（新开）	专业基础	90	测试楼402室和404室	李治平	82320690	刘鹏程（兼职）	/	/	/	/	/	预约开放
6	数值模拟室	公共基础	55	测试楼411和413室	张金川	82320106	郭建平（兼职）	14	47	2886	14	14	定时开放
7	能源信息分析室	公共基础	30	测试楼425室	张金川	82321559	王宏语（兼职）	3	20	248	3	2	预约开放

* 实验室类型分为公共基础实验室、专业基础实验室、专业实验室。

填表人：张金川

（2）中国地质大学（北京）教学实验室实验项目明细表

实验室名称：数值模拟室　　　　填表日期：2004 年 10 月 25 日

序号	实验项目名称	课程名称	专业名称	面向专业	类别	实验要求（必修,选修,开放）	计划学时数（按学年）	上课人数	总人时数	材料消耗	
										一次性	非一次性
1	稳定流场计算	渗流力学	石油工程	石油工程	本科	必修	4	65	260	A4 纸	硒鼓
2	不稳定井壁压力计算	渗流力学	石油工程	石油工程	本科	必修	4	65	260	A4 纸	硒鼓
3	常规试井方法	渗流力学	石油工程	石油工程	本科	必修	4	65	260	A4 纸	硒鼓
4	一维水驱油模拟	渗流力学	石油工程	石油工程	本科	必修	4	65	260	A4 纸	硒鼓
5	TTI值的计算和应用	石油与天然气地质学	石油工程	石油工程及石油地质	本科	必修	2	65	130	A4 纸	硒鼓
6	储量计算	资源勘查	资源勘查	资源勘查	本科	必修	3	52	156	A4 纸	硒鼓
7	变异曲线绘制	资源勘探学	资源勘查	资源勘查	本科	必修	3	52	156	A4 纸	硒鼓
8	矿体边界的确定	资源勘探学	资源勘查	资源勘查	本科	必修	3	52	156	A4 纸	硒鼓
9	差分格式稳定性实验	油藏数值模拟	石油工程	石油工程	本科	必修	4	65	260	A4 纸	硒鼓
10	三对角、五对角矩阵	油藏数值模拟	石油工程	石油工程	本科	必修	4	65	260	A4 纸	硒鼓
11	一维径向不稳定渗流	油藏数值模拟	石油工程	石油工程	本科	必修	6	65	390	A4 纸	硒鼓
12	工作站油藏描述系统	油藏数值模拟	石油工程	石油工程	本科	必修	2	65	130	A4 纸	硒鼓
13	仪器虚拟实验	现代测试技术及研究方法	资源勘查	资源勘查	本科	必修	2	52	104	A4 纸	硒鼓
14	仪器虚拟实验	现代测试技术及研究方法	资源勘查	资源勘查	本科	必修	2	52	104	A4 纸	硒鼓

填表人：郭建平

实验室名称：油层物理室　　　　　填表日期：2004 年 10 月 25 日

（3）中国地质大学（北京）教学实验室实验项目明细表

序号	实验项目名称	课程名称	专业名称	面向专业	类别	实验要求（必修、选修、开放）	计划学时数（按学年）	上课人数	总人时数	材料消耗 一次性	材料消耗 非一次性
1	岩石孔隙度的测定	油层物理	石油工程	石油工程	本科	必修	4	65	260	氮气	岩心
2	岩石渗透率的测定	油层物理	石油工程	石油工程	本科	必修	4	65	260	氮气	岩心
3	岩石碳酸盐含量的测定	油层物理	石油工程	石油工程	本科	必修	4	65	260	盐酸、碳酸钙粉末、丙酮	无
4	岩石比表面的测定	油层物理	石油工程	石油工程	本科	必修	4	65	260	氮气	岩心
5	岩石碳酸盐含量测定	现代测试技术及研究方法	能源勘查	能源勘查	本科	必修	2	52	104	盐酸、碳酸钙粉末、丙酮	岩心
6	原油物性测定	石油与天然气地质学	资源勘查	资源勘查	本科	必修	2	63	126	原油	

填表人：侯晓春

147

（4）中国地质大学（北京）教学实验室实验项目明细表

实验室名称：<u>沉积岩石学室</u>　　　　填表日期：2004 年 10 月 25 日

序号	实验项目名称	课程名称	专业名称	面向专业	类别	实验要求（必修、选修、开放）	计划学时数（按学年）	上课人数	总人时数	材料消耗	
										一次性	非一次性
1	镜下观察及鉴定	有机岩石学	能源地质		研究生	必修	8	12	96		
2	显微镜操作	现代测试技术及研究方法	能源勘查	能源与环境	本科生	必修	2	52	104		
3	显微镜观察	岩石室内研究方法	能源勘查	能源与环境石油地质	本科生	选修	16	32	512		
4	煤、光片、薄片	能源地质学	能源勘查	能源与环境	本科生	必修	4	68	272		

填表人：唐书恒

（5）中国地质大学（北京）教学实验室实验项目明细表

实验室名称：<u>有机地球化学室</u>　　　　填表日期：2004 年 10 月 25 日

序号	实验项目名称	课程名称	专业名称	面向专业	类别	实验要求（必修、选修、开放）	计划学时数（按学年）	上课人数	总人时数	材料消耗	
										一次性	非一次性
1	有机质油提	油藏地球化学	资源勘查	油气地质、能源与环境	本科	选修	4	70	280	三氯甲烷、正乙烷、石油醚、硅胶、氧化铝 等	
2	族组分分离	油藏地球化学	资源勘查	油气地质、能源与环境	本科	选修	2	70	140		
3	有机质抽提、族组分分离	能源地质学	资源勘查	能源与环境	本科	必修	4	68	272		

填表人：侯读杰

（6）中国地质大学（北京）教学实验室实验项目明细表

填表日期：2004年10月25日

序号	实验项目名称	课程名称	专业名称	面向专业	类别	实验要求（必修、选修、开放）	计划学时数（按学年）	上课人数	总人时数	材料消耗	
										一次性	非一次性
1	构造解释、测井解释	地震测井综合解释	石油工程	资源勘查	本科	选修	6	64	384	A4打印纸	
2	Unix系统操作地震数据加载	计算机应用	石油工程	资源勘查	本科	选修	8	64	512	A4打印纸	
3	油藏数值可视化分析	油藏描述	石油工程	资源勘查	本科	必修	6	120	720	A4打印纸	

填表人：王宏语

实验室名称：能源科技信息室

（7）中国地质大学（北京）教学实验室实验项目明细表

填表日期：2004年10月25日

序号	实验项目名称	课程名称	专业名称	面向专业	类别	实验要求（必修、选修、开放）	计划学时数（按学年）	上课人数	总人时数	材料消耗	
										一次性	非一次性
1	圈闭和油气藏识别	石油与天然气地质学	资源勘查	资源勘查	本科	必修	4	63	252	坐标纸、透明纸	绘图笔
2	石油地质综合	石油与天然气地质学	资源勘查	资源勘查	本科	必修	4	63	252		
3	油气水层识别	油气田地下地质	资源勘查	资源勘查	本科	必修	2	65	130	坐标纸、透明纸	绘图笔、专业尺
4	小层对比	油气田地下地质	资源勘查	资源勘查	本科	必修	4	65	260		
5	构造图编绘	油气田地下地质	资源勘查	资源勘查	本科	必修	2	65	130		
6	沉积相带划分	油气田地下地质	资源勘查	资源勘查	本科	必修	2	65	130		

填表人：张金川

注：上述表按教学实验室分别填写。

附录 4 能源实验中心实验项目（2005）

能源实验中心　能源地质工程　实验室　沉积岩岩石学分室　实验项目清单

（1）能源实验中心

容纳学生数：20

面积：71 m²　　　　　　　　　　　　　　　　　位置：测试楼 330—332 室

课程名称	序号	实验项目名称	学时	实验类别	项目类别	上课人数	总人时数	仪器设备台套数	一次性耗材	非一次性耗材	课程号	备注
岩石室内研究方法	1	沉积构造的识别与认识	2	专业	基础	175	350	20	表格	岩心、薄片		开放
	2	砂岩的组分、颗粒大小、形态和磨圆度认识	4	专业	基础	175	700	20	表格	岩心、薄片		开放
	3	砂岩充填物的认识	2	专业	基础	175	350	20	表格	岩心、薄片		开放
	4	砂岩与碳酸盐岩孔隙的认识，孔隙的类型与识别	2	专业	综合	175	350	20	表格	岩心、薄片	0602061	开放
	5	碳酸盐岩组分与结构构的认识与识别	2	专业	基础	175	350	20	表格	岩心、薄片		开放
	6	碳酸盐岩的分类与成岩作用的认识与识别	2	专业	基础	175	350	20	表格	岩心、薄片		开放
	7	黏土岩矿物组分与结构的认识与识别	2	专业	基础	175	350	20	表格	岩心、薄片		开放
能源地质学	1	煤岩学实习	4	专业	综合	70	280	20	表格	煤样、薄片	602011	开放
沉积学基础	1	砾岩及石英砂岩	2	专业	基础	105	210	20	表格	岩心、薄片		开放
	2	长石砂岩、岩屑砂岩、杂砂岩、黏土岩及粉砂岩	2	专业	基础	105	210	20	表格	岩心、薄片	0602072	开放
	3	碳酸盐岩	2	专业	基础	105	210	20	表格	岩心、薄片		开放
	4	火山碎屑岩、其他沉积岩	2	专业	综合	105	210	20	表格	岩心、薄片		开放

面积：91 m²　　容纳学生数：20

课程名称：能源实验中心　能源地质工程　实验室　有机地球化学分室　实验项目清单

（2）能源实验中心

位置：测试楼 324—328室

课程名称	序号	实验项目名称	学时	实验类别	项目类别	上课人数	总人时数	仪器设备台套数	一次性耗材	非一次性耗材	课程号	备注
油田化学	1	活性剂类型的鉴别	2	专业	基础	105	210	10	化学试剂、蒸馏水	试管、烧杯、温度计、小滴管、量筒、酒精灯、石棉网		
	2	缓蚀剂的作用	2	专业	基础	105	210	10	化学试剂、蒸馏水	天平、卡尺、试片、表面皿、镊子、玻璃棒、广口瓶、移液管、吹风机	0601162	
	3	聚丙烯酰胺的合成与水解	2	专业	综合	105	210	10	化学试剂、广泛 pH 试纸	恒温水浴、沸水浴、烧杯、量筒、搅拌棒、台秤		
	4	起泡剂的选择利作用	2	专业	基础	105	210	10	化学试剂、蒸馏水	玻璃弯管、秒表、烧杯		
	5	化学剂种类及作用	4	专业	基础	49	196	10	化学试剂、蒸馏水	玻璃弯管、秒表、烧杯		
	6	压裂液及添加剂	4	专业	基础	49	196	10	化学试剂、蒸馏水	玻璃弯管、秒表、烧杯		
	7	酸化及酸液添加剂	6	专业	基础	49	294	10	化学试剂、蒸馏水	玻璃弯管、秒表、烧杯		
	8	油水井化学改造技术	8	专业	基础	49	392	10	化学试剂、蒸馏水	玻璃弯管、秒表、烧杯		
	9	化学驱油技术	8	专业	基础	49	392	10	化学试剂、蒸馏水	玻璃弯管、秒表、烧杯	0601162	
	10	油田环境污染评价与治理	2	专业	基础	49	98	10	化学试剂、蒸馏水	玻璃弯管、秒表、烧杯		

课程名称	序号	实验项目名称	学时	实验类别	项目类别	上课人数	总人时数	仪器设备台套数	一次性耗材	非一次性耗材	课程号	备注
环境化学*	1	大气颗粒物PM 2.5浓度的测定	2	专业	基础	175	350	5	玻璃纤维滤膜、样品袋	TSP/PM 10/PM 2.5-2型大气颗粒物采样器、电子天平、镊子、温度计、气压计、秒表	0602131	开放
	2	大气颗粒物PM 2.5样品溶解实验	2	专业	综合	175	350	10	硫酸、硝酸、浓盐酸、去离子水等	电子天平、电热板、锥形瓶、剪刀、玻璃漏斗等	0602131	
	3	油田废水中有机物污染物质的萃取	2	专业	基础	175	350	10	污水样品、氯仿、蒸馏水	分液漏斗、烧杯、铁架台	0602131	开放
能源地质学	1	原油在色谱柱中运移发生的变化实验	4	专业	综合	70	280	10	岩样、原油、硅胶、化学试剂、氧化铝、脱脂棉、滤纸等	电子天平、电热板、锥形瓶、剪刀、玻璃漏斗、分液漏斗、烧杯、铁架台等	0602011	开放
油藏地球化学*	1	原油的宏观组成分析	6	专业	综合	175	700	10	化学试剂、柱填充材料（硅胶、氧化铝等）	天平、玻璃器皿、烘箱、旋转蒸发仪		开放

课程名称	序号	实验项目名称	学时	实验类别	项目类别	上课人数	总人时数	仪器设备台套数	一次性耗材	非一次性耗材	课程号	备注
能源与环境保护*	1	大气中TSP的测定	2	专业	综合	175	350	5	手簿、表格、玻璃纤维滤膜、样品袋等	大气颗粒采样器、温度计等		开放
油气测试分析技术与应用	1	油气测试基础实验	0.5	专业	综合	175	88	1	岩石样品	手簿、碎样机、筛子	062205	开放
油藏地球化学	1	石油族组成与气相色谱分析	2	专业	基础	57	114				061311	开放
	2	碎样与索氏抽提器的充填	2	专业	基础	57	114					开放
	3	可溶有机质抽提	2	专业	基础	57	114				061311	开放
	4	氯仿沥青"A"的族组成分离	4	专业	基础	57	228					开放
现代测试技术及研究方法	1	气相色谱、色质谱联用高效液相色谱、ICP	4	专业	基础	53	212					
有机地球化学基础	1	有机质抽提和分离	2	专业	综合				实验样品	玻璃器皿	0103063	开放
	2	饱和烃色谱分析	2	专业	基础							

* 选修课。

面积：78 m²　　容纳学生数：20

（3）能源实验中心　石油工程　实验室　油层物理分室　实验项目清单

位置：测试楼 325—329 室

课程名称	序号	实验项目名称	学时	实验类别	项目类别	上课人数	总人时数	仪器设备台套数	一次性耗材	非一次性耗材	课程号	备注
油层物理学	1	岩石孔隙度测定	2	专业	基础	105	210	6	氮气	岩心、游标卡尺		开放
	2	岩石渗透率测定	2	专业	基础	105	210	6	氮气	岩心、游标卡尺		开放
	3	岩石比表面测定	2	专业	基础	105	210	6	氮气	岩心、秒表、试管、洗尔球、游标卡尺	0601081	开放
	4	岩石碳酸盐含量测定	2	专业	基础	105	210	6	盐酸、碳酸钙粉末	烧杯、试管、洗尔球		开放
油层物理与渗流	1	岩石孔隙度测定	2	专业	基础	70	140	6	氮气	岩心、游标卡尺		开放
	2	岩石比表面测定	2	专业	基础	70	140	6	氮气	岩心、秒表、试管、洗尔球、游标卡尺		开放
	3	岩石渗透率测定	2	专业	基础	70	140	6	氮气	岩心、游标卡尺		开放
油气测试分析技术与应用	1	油气测试基础实验	0.25	专业	综合	175	44	1	岩石样品	手簿、岩样、钻取机、切割机		开放
现代测试技术及研究方法	1	岩石碳酸盐含量测试	2	专业	综合	53	106				062205	开放

面积：81 m²　　容纳学生数：<u>15</u>

（4）能源实验中心　石油工程　实验室　油气田开发分室　实验项目清单

位置：测试 楼 <u>334—338</u> 室

课程名称	序号	实验项目名称	学时	实验类别	项目类别	上课人数	总人时数	仪器设备台套数	一次性耗材	非一次性耗材	课程号	备注
采油工程	1	两相垂直管流模拟实验	2	专业	基础	105	210	1	染色水、记录表格	手簿		开放
	2	有杆抽油机演示实验	1	专业	基础	105	105	2	记录表格	模拟油	0601011	开放
	3	深井泵结构及工作原理演示实验	1	专业	基础	105	105	1	记录表格	模拟油		开放
钻井与完井工程	1	钻井演示实验	1	专业	基础	105	105	1	记录表格	模拟油		开放
	2	泥浆循环实验	1	专业	基础	105	105	1	记录表格	模拟油	0601102	开放
提高采收率原理*	1	水驱油实验	4	专业	基础	175	700	3	均匀等径砂粒、氮气、油		0601271	开发
石油工程概论*	1	有杆泵采油实验	2	专业	基础	175	350	2	记录表格	模拟油	0601241	开放
油层保护技术*	1	储层敏感性实验	4	专业	综合	175	700	3	记录表、岩心、模拟油、蒸馏水、酸、碱、打印纸、硒鼓、墨盒	计算机、打印机	0601251	

*选修课。

（5）能源实验中心 能源信息工程 实验室 数值模拟分室 实验项目清单

面积：64 m² 容纳学生数：32　　　　　　位置：测试楼 411—413室

课程名称	序号	实验项目名称	学时	实验类别	项目类别	上课人数	总人时数	仪器设备台套数	一次性耗材	非一次性耗材	课程号	备注
渗流力学	1	等值渗流阻力法方法应用	4	专业	综合	105	420	32	打印纸、硒鼓	计算机、软件		
	2	不稳态渗流井壁压力变化规律	8	专业	综合	105	840	32	打印纸、硒鼓	计算机、软件		
	3	一维水驱油饱和度变化规律	4	专业	综合	105	420	32	打印纸、硒鼓	计算机、软件	0601031	
	4	典型渗流方式下的稳态渗流压力分布，描绘流场	4	专业	综合	62	248	32	打印纸、硒鼓	计算机、软件		
油层物理学	1	油层物理参数处理与上机计算	1	专业	综合	105	105	32	打印纸、硒鼓	计算机、软件	0601081	开放
采油工程	1	采油工艺 IPR 曲线绘制综合上机实验	4	专业	设计	105	420	32	打印纸、硒鼓	计算机、软件	0601011	
钻井与完井工程	1	一口井钻柱设计	4	专业	设计	105	420	32	打印纸、硒鼓	计算机、软件		
	2	一口井身结构设计	3	专业	设计	105	315	32	打印纸、硒鼓	计算机、软件	0601102	
油气藏动态监测技术*	1	应用现场资料进行试井分析	4	专业	综合	175	700	32	打印纸、硒鼓	计算机、软件	0601291	

课程名称	序号	实验项目名称	学时	实验类别	项目类别	上课人数	总人时数	仪器设备合套数	一次性耗材	非一次性耗材	课程号	备注
油藏数值模拟	1	显示解、隐示解、解析解对比程序编制	4	专业	基础	105	420	32	打印纸、硒鼓	计算机、软件	0601073	
	2	一维两相数值模拟程序编制	4	专业	基础	105	420	32	打印纸、硒鼓	计算机、软件		
	3	二维一相数值模拟程序编制	6	专业	综合	105	630	32	打印纸、硒鼓	计算机、软件		
油藏工程	1	油藏动态分析实验	4	专业	基础	105	420	32	打印纸、硒鼓	计算机、软件	0601061	
	2	常规试井资料分析上机计算	2	专业	基础	105	210	32	打印纸、硒鼓	计算机、软件		
	3	现代试井的综合分析	4	专业	综合	105	420	32	打印纸、硒鼓	计算机、软件		
	4	水驱特征曲线	2	专业	基础	64	128	32	打印纸、硒鼓	计算机、软件		
	5	产量变化分析	2	专业	基础	64	128	32	打印纸、硒鼓	计算机、软件		
油层保护技术*	1	储层污染的矿场评价	4	专业	基础	175	700	32	打印纸、硒鼓	计算机、软件	0601251	
	2	储层保护的设计与计算	4	专业	综合	175	700	32	打印纸、硒鼓	计算机、软件		
油气测试分析技术与应用*	1	虚拟实验	4	专业	综合	175	350	32	打印纸、硒鼓	计算机、软件	0602121	开放

课程名称	序号	实验项目名称	学时	实验类别	项目类别	上课人数	总人时数	仪器设备台套数	一次性耗材	非一次性耗材	课程号	备注
石油数学地质[*]	1	多项式趋势面分析程序改写、调试和应用	2	专业	基础	175	350	32	打印纸、硒鼓	计算机、软件	0601321	
	2	地质统计功能在地质统计中的应用	2	专业	综合	175	350	32	打印纸、硒鼓	计算机、软件		开放
天然气开发工程[*]	1	气井井底压力计算	4	专业	基础	175	700	32	打印纸、硒鼓	计算机、软件	0601281	
	2	气井产能分析计算	4	专业	基础	175	700	32	打印纸、硒鼓	计算机、软件		
	3	气井合理产量确定设计实验	8	专业	设计	175	1400	32	打印纸、硒鼓	计算机、软件		
计算机应用	1	文字编辑处理软件		专业	基础	47		32	打印纸、硒鼓	计算机、软件		开放
	2	电子表格软件应用		专业	基础	47		32	打印纸、硒鼓	计算机、软件		开放
	3	制图软件应用		专业	基础	47		32	打印纸、硒鼓	计算机、软件	0601121	开放
	4	绘图软件应用		专业	基础	47		32	打印纸、硒鼓	计算机、软件		开放
	5	汇报演示软件应用		专业	基础	47		32	打印纸、硒鼓	计算机、软件		开放

课程名称	序号	实验项目名称	学时	实验类别	项目类别	上课人数	总人时数	仪器设备台套数	一次性耗材	非一次性耗材	课程号	备注
油藏描述与数值模拟	1	分析各种油藏数值模型的应用条件与范围	2	专业				32	打印纸、硒鼓	计算机、软件		
	2	计算机程序设计基础知识	2	专业				32	打印纸、硒鼓	计算机、软件	061208	
	3	用程序实现不同相流体在地层中一维径向模型的数值模拟过程	8	专业				32	打印纸、硒鼓	计算机、软件		
现代测试技术及研究方法	1	虚拟实验	6	专业	综合	53	318	32	打印纸、硒鼓	计算机、软件	0602121	开放
盆地分析原理与应用	1	上机实习	2	专业	综合			32	打印纸、硒鼓	计算机、软件	0601172	
	2	编图实习	2	专业	综合			32	打印纸、硒鼓	计算机、软件		

* 选修课。

(6) 能源实验中心　能源信息工程　实验室　能源信息分析分室　实验项目清单

面积：53 m²　　　　　　　　　　　容纳学生数：20　　　　　　位置：测试楼 425室

课程名称	序号	实验项目名称	学时	实验类别	项目类别	上课人数	总人时数	仪器设备台套数	一次性耗材	非一次性耗材	课程号	备注
油藏描述基础	1	工作站油藏描述系统的了解	2	专业	基础	105	210	6	打印纸、墨盒	工作站	0601072	开放
	2	实际井、震资料的解释	4	专业	综合	105	420	6	打印纸、墨盒	工作站		
计算机地质制图*	1	地震地质综合解释软件认识与工区管理	2	专业	基础	175	350	6	打印纸、绘图纸、硒鼓、墨盒	工作站、软件		
	2	地震解释模块的应用	6	专业	综合	175	350	6	打印纸、绘图纸、硒鼓、墨盒	工作站、软件		
	3	认识工作站硬件及使用常识	2	专业	基础			8	打印纸、绘图纸、硒鼓、墨盒	工作站、软件		
	4	操作系统上机操作	2	专业	基础			8	打印纸、绘图纸、硒鼓、墨盒	工作站、软件		
环境地质	1	学生在老师指导下自行组织参观	8	选修	综合	95	760				0106082	
油藏描述与数值模拟	1	油藏描述工作站了解	2	专业	基础	58	116		打印纸、绘图纸、硒鼓、墨盒	工作站、软件		开放
	2	储集体井、震分析解释	2	专业	基础	58	116		打印纸、绘图纸、硒鼓、墨盒	工作站、软件	061208	开放

* 选修课。

（7）能源实验中心　能源信息工程　实验室　能源基础分室　实验项目清单

课程名称	序号	实验项目名称	学时	实验类别	项目类别	上课人数	总人时数	仪器设备台套数	一次性耗材	非一次性耗材	课程号	备注
钻井与完井工程	1	钻头参观实验	1	专业	基础	105	105	5			0601102	开放
油田开发地质学	1	油层细分对比	2	专业	基础	105	210	35	底图、方格纸、透明纸、坐标纸	直尺、彩笔、铅笔、橡皮		
	2	储层沉积相编图	2	专业	基础	105	210	35	底图、透明纸	直尺、铅笔、橡皮	0601191	
	3	断层识别与构造图编制	2	专业	基础	105	210	35	底图、透明纸	直尺、铅笔、橡皮		
	4	石油储量与可采储量计算	4	专业	综合	105	420	35	方格纸、底图、透明对数坐标纸、统计表格	计算器		
油气资源勘查方法与技术*	1	油气资源分布综合预测	2	专业	设计	175	350	35	底图、透明纸	铅笔、橡皮、直尺	0602141	
石油与天然气地质学	1	原油性质的观察与测定	2	专业	基础	105	210	5	原油、蒸馏水、记录表格		0601051	
	2	圈闭和油气藏的识别	4	专业	基础	105	420	35	底图	铅笔、橡皮、尺子	0601051	
	3	TTI值计算和应用	2	专业	基础	105	210	35	底图	计算器		
	4	含油气系统特征确定	2	专业	基础	64	128	35	底图			
	5	有机质成熟度演化曲线和成熟度分区	2	专业	基础	64	128	35	底图		0601231	
	6	油气藏形成及分布综合性实习	4	专业	综合	105	420	35	底图、手簿			
地球物理综合解释	1	地震资料的解释	2	专业	综合	175	350	35	地震剖面	彩笔、铅笔、橡皮、尺子		

课程名称	序号	实验项目名称	学时	实验类别	项目类别	上课人数	总人时数	仪器设备台套数	一次性耗材	非一次性耗材	课程号	备注
地球物理综合解释*	2	非地震方法资料的解释	2	专业	综合	175	350	35	底图、透明纸	彩笔、铅笔、橡皮、尺子		
钻井液与完井液*	3	泥浆流变性实验	4	专业	基础	175	700	5				
	1	泥浆流变性实验	4	专业	基础	175	700	5			0601091	
	1	油层水层综合判别	2	专业	综合	105	210	35	底图	尺子、计算器		
油气田地下地质学	2	油气对比剖面图及栅状图编制	2	专业	基础	105	210	35	底图、透明纸	尺子、铅笔、橡皮		
	3	沉积微相平面图编制	2	专业	基础	105	210	35	底图、透明纸	尺子、铅笔、橡皮		
	4	油气田地下地质剖面图及构造造图的编制	2	专业	基础	105	210	35	底图、透明纸	尺子、铅笔、计算器		
层序地层学基础*	1	综合实习一	6	专业	综合	175	1050	35			601111	
	2	综合实习二	6	专业	综合	175	1050	35				
油气测试分析技术与应用	1	油气测试基础实验	0.25	专业	综合	175	44	1		手簿	062205	开放
资源勘探学	1	实验和实习	6	专业	综合	53	318					
盆地分析基础	1	编图实习、编制盆地分析用的基础图件	2	专业	综合	62	124				601171	

续表

课程名称	序号	实验项目名称	学时	实验类别	项目类别	上课人数	总人时数	仪器设备台套数	一次性耗材	非一次性耗材	课程号	备注
矿产资源经济学	1	矿山建设可行性经济评价方法	2	专业	设计							
	2	矿产资源政策与法规	2	专业	综合							
能源信息分析	1	地质地球物理资料综合解释大作业	2			66	132					

* 选修课。

附录 5 能源实验中心仪器/设备（2007）

表 1 能源专业基础展示分室（测试楼 318—320 室）仪器/设备清单

仪器编号	名称	规格/型号	购置时间	台/套数	总价/元	账物卡	备注
20042617-21	石油密度试验器	SYD1884	2004.12	5	22000 (4400×5)	有	共 5 台
20041954	投影机	TLP-T70M	2004.12	1	17050	有	
20040587	现代仪器分析多媒体虚拟实验室		2004.06	1	1275	有	
20041955	投影幕	120"	2004.12	1	900	有	
20042632	石油水溶性酸碱度试验器	SYD25G	2004.12	1	3470	有	
20042633	石油色度试验器	SYD0168	2004.12	1	5300	有	
20042634	旋光仪	WXG-4	2004.12	1	1680	有	
20042622-26	石油黏度测定仪	SYD265B	2004.12	5	18500 (3700×5)	有	共 5 台
20050698	紫外线分析仪	UV-III	2005.04	1	900	有	荧光灯
	旋转式黏度计	NDJ-1	2005.01	6	19500 (3250×6)	有	

表 2 有机地球化学室（测试楼 324—328 室）仪器/设备清单

仪器编号	名称	规格/型号	购置时间	合套数	总价/元	账物卡	备注
20050067—20050071	颗粒物采样器	TSP/PM 10/PM 2.5—2	2005.01	5	47500（9500×5）	有	
20050074	箱式电阻炉	SX2-5-12（5kw）	2005.01	1	2200	有	
20050076	旋转蒸发仪	RE-52A	2005.01	1	3900	有	
20050075	电热恒温鼓风干燥箱	SFG-02B	2005.01	1	3200	有	
20050078—20050080	电子恒温水浴锅	DZKW-4	2005.01	3	2100（700×3）	有	
1-9-7-1	离心机	LXT-64-01	1979.06	1	1000	无	
2-4-16-18	红外干燥箱	HW801	1983.01	1	200	无	
2-99-22-34	超声清洗机	H661A	1983.09	1	3000	无	
20050082	低速离心机	DD-5M	2005.01	1	7600	有	
1-9-7-10	离心沉淀机	LXJ-II	1980.06	1	3000	无	
20042627—20042631	石油硫含量试验器	SYD380B	2004.12	1	3000	有	
2-4-16-2	电热恒温鼓风干燥箱	DF206	1979.08	1	1000	无	
2-6-27-61	荧光灯			1	500	无	
89-30	电冰箱			1	5600	无	
9-3-1-19	真空干燥箱	Z79-1	1981.04	1	1000	无	

表 3　沉积岩石学室（测试楼 330—332 室）仪器/设备清单

仪器编号	名称	规格/型号	购置时间	台/套数	总价/元	账物卡	备注
19530009	实体显微镜	HENSOLDT	1953.12	1	1200	有	
19830187	双目立体显微镜	GSX–1A	1983.10	1	1500	有	
19830188	双目立体显微镜	GSX–1A	1983.10	1	1500	有	
19830221	偏光显微镜	XPA–1	1984.11	1	4000	有	
19840287	偏光显微镜	XPA–1	1984.11	1	4000	有	
20050971~989	双目偏光显微镜	DMEP	2005.05	19	644404（33916×19）	有	
20050990	三目偏光显微镜	DMEP	2005.05	1	52796	有	
20051997	显微图像转换系统		2005.05	1	9000	有	
20052059	微型计算机	M 4600	2005.05	1	6000	有	

表 4 油气田开发室（测试楼 334—338 室）仪器/设备清单

仪器编号	名称	规格/型号	购置时间	台/套数	总价/元	账物卡	备注
20050439	钻机模型		2005.01	1	50000	有	
20050437~438	抽油机模型		2005.01	2	20000（10000×2）	有	
20052115	圆盘渗流		2005.01	1	22000	有	
20052111~20052113	流动仪		2005.01	3	300000（100000×3）	有	
20052114	两相管流模拟试验		2005.01	1	45000	有	
20000600	计算机 PC	P3667	2000.06	1	6920	有	
20000602	计算机 PC	P2667	2000.06	1	6920	有	
20000625	计算机 PC	P3667	2000.06	1	6920	有	
	打印机		2005	1	1200	有	
J2005086	电脑桌		200.04	3	630（210×3）	有	

表5 油层物理实验室（测试楼325—329室）仪器/设备清单

仪器编号	名称	规格/型号	购置时间	台/套数	总价/元	账物卡	备注
D1956016	秒表	umf60s	1956.10	1	90	有	
D1956017	秒表	umf60s	1956.10	1	90	有	
D1981185	钢瓶	40kg	1981.10	1	180	有	
D1981255	钢瓶	40kg	1981.12	1	120	有	
20000901	钢瓶	40L	2000.10	1	700	有	
20000902	钢瓶	40L	2000.10	1	700	有	
20001006	气体孔隙度测定仪	QKY-II型	2000.10	1	6402	有	
20001007	气体孔隙度测定仪	QKY-II型	2000.10	1	6402	有	
20001008	气体孔隙度测定仪	QKY-II型	2000.10	1	6402	有	
20001009	气体渗透率仪	STY-2	2000.10	1	6596	有	
20001010	气体渗透率仪	STY-2	2000.10	1	6596	有	
20001011	岩石比表面测定仪	BMY-II	2000.10	1	6596	有	
20001012	岩石比表面测定仪	BMY-II	2000.10	1	6596	有	
20001013	岩石比表面测定仪	BMY-II	2000.10	1	6596	有	
20001016	岩心钻取机	TZ-2	2000.10	1	6402	有	
20010047	精密压力表	1.6MPA	2001.01	1	500	有	
20010048	精密压力表	1.6MPA	2001.01	1	500	有	
20010049	精密压力表	1.6MPA	2001.01	1	500	有	
20010050	精密压力表	1.6MPA	2001.01	1	500	有	
20001014	碳酸盐含量测定仪	GMY-II	2000.11	1	6014	有	
20001015	碳酸盐含量测定仪	GMY-II	2000.11	1	6014	有	
20001017	岩石端面切磨机	QM-1型	2000.10	1	6596	有	
20001462	电子天平	ES-200A	2000.09	1	2080	有	
20050922-20050924	气体孔隙度测试仪	Qky-II	2005.04	3	6100×3	有	
20050918-20050921	气体渗透率仪	STY-2	2005.04	3	6100×3	有	
20050929-20050931	岩石比表面测定仪	BMY-II	2005.04	3	6100×3	有	
20050925-20050928	碳酸盐含量测定仪	GMY-II	2005.04	3	6100×3	有	

表6 能源信息分析室（测试楼425室）仪器/设备清单

仪器编号	名称	规格/型号	购置时间	台/套数	总价/元	账物卡	备注
19980658	微机工作站（Sun）	Ultra-2	1998.11		171600	有	
19990215	绘图仪	HPDJ2500CP C4704A	1999.04	1	92000	有	
19990511	空调器	KFR-32GW（3250）	1999.06	1	4000	有	
19990573	Sun工作站	Alera 2	1999.09	1	134000	有	
20000470	硬盘	36GB	2000.07	1	14300	有	
20000471	刻录机	CRX140E	2000.07	1	2500	有	
20000473	微型计算机	P3-550	2000.07	1	9000	有	
20010209	照相机	QV-3000EX/IR	2001.03	1	7300	无	
J2005002	工作站机器台	1500×750×750	2005.01	1	3300	有	
20050119-120	软件		2005.01		49500	有	
20050122	数字化仪	CD-21200B（A0）	2005.01	1	9500	有	
20050121	工程扫描仪	GK67D	2005.01	1	165000	有	
20050116	彩色激光打印机	5550dn	2005.01	1	50000	有	
20050117	刻录机	dvd420e	2005.01	1	2000	有	
20050113	工作站	w2100z	2005.01	1	49000	有	
20050118	不间断电源	c6k	2005.01	1	11000	有	
20050112	磁带机	8mm	2005.01	1	10000	有	
2005114-115	微型计算机	扬天 T4800	2005.01	1	13000	有	
2000-33	工作台		2000.07	1	570	有	
J2003161	家具		2003.01	1	2050	有	
J2001029	办公家具		2001.03	1	2950	有	
J2005005	单汽电脑椅		2005.01	1	900	有	
J2005004	柜子		2005.01	1	2170	有	

表 7 数值模拟室（测试楼 411—413 室）仪器/设备清单

仪器编号	名称	规格/型号	购置时间	台/套数	总价/元	账物卡	备注
20042216	服务器	IBM X2258649	2004.12	1	18000	有	
20042217-2250	微型计算机	6200	2004.12	34	197982	有	34 台
20000900	打印机	LaserJet6L	2000.1	1	3200	有	
20042062	壁挂空调	KFR-32GW/DY-Z	2004.12	2	3800	有	
20010553	立式空调	KFR-61LW/YaD	2001.5	1	6200	有	
J2003249	电脑桌		2003.12	1	5000	有	共 16 把
J2000-39	电脑椅		2000.9	1	1120	有	共 32 把
家具 2000-38	教师桌椅		2000.9	1	1000	有	
20042215	交换机		2004.12	1	1150	有	
20050699	吸尘器	FC8348	2005.4	1	509	有	
20000630	交换机柜	60×60×116.5	2000.9	1	2300	有	
20000628	交换机	DES-1024R	2000.9	1	6000	有	
20001426	黑板	120×260	2000.12	1	842.4	有	

附录6 教学实验项目统计（2007）

教学实验项目统计表

填报单位：能源学院

序号	课程名称	实验名称	实验类别	实验类型	实验所属学科	实验要求	实验者类别	实验者人数	每组人数	实验学时数	实验室编号	实验室名称
1	岩石室内研究方法	沉积构造认识	其他	验证性	0801	必修	本科生	73	20	2	测330	沉积岩实验室
2	岩石室内研究方法	砂岩的组分认识	其他	验证性	0801	必修	本科生	73	20	4	测330	
3	岩石室内研究方法	砂岩充填物	其他	验证性	0801	必修	本科生	73	20	2	测330	
4	岩石室内研究方法	孔隙的认识	其他	验证性	0801	必修	本科生	73	20	2	测330	
5	岩石室内研究方法	碳酸盐岩组分与结构镜下识别	其他	验证性	0801	必修	本科生	73	20	4	测330	
6	岩石室内研究方法	碳酸盐的分类与成岩作用	其他	验证性	0801	必修	本科生	73	20	2	测330	
7	岩石室内研究方法	ICP-MS认识	其他	验证性	0801	必修	本科生	73	20	2	测330	
8	岩石室内研究方法	黏土岩石内研究	其他	验证性	0801	必修	本科生	73	20	2	测330	
9	油藏地球化学	原油或油提物族组成分析	其他	综合性	0801	必修	本科生	135	20	4	测328	有机地球化学室
10	油藏地球化学	地球化学实验室主要仪器设备应用	其他	演示性	0801	必修	本科生	135	30	2	中国石油勘探开发研究院实验中心	
11	油藏工程	油藏动态分析	专业	其他	0801	必修	本科生	103	30	4	测411	
12	油藏工程	常规试井资料分析上机计算	专业	其他	0801	必修	本科生	103	30	2	测411	数值模拟室
13	油藏工程	现代试井的综合分析	专业	综合性	0801	必修	本科生	103	30	4	测411	
14	油藏描述基础	工作站油藏描述系统	专业	演示性	0801	必修	本科生	103	17	2	测425	计算机工作站
15	油藏描述基础	实际井震资料解释	专业	综合性	0801	必修	本科生	103		4		

序号	课程名称	实验名称	实验类别	实验类型	实验所属学科	实验要求	实验者类别	实验者人数	每组人数	实验学时数	实验室编号	实验室名称
16	油藏数值模拟	显示解、隐示解、解析解对比程序编制	专业	设计性	0801	必修	本科生	103	30	4	测411	数值模拟室
17	油藏数值模拟	一维两相数值模拟程序编制	专业	设计性	0801	必修	本科生	103	30	4	测411	
18	油藏数值模拟	二维一相数值模拟程序编制	专业	综合性	0801	必修	本科生	103	30	4	测411	
19	油气田地下地质学	油气水层综合判别	专业基础	综合性	0801	必修	本科生	65	20	2	测320 测328	
20	油气田地下地质学	油层对比剖面图及栅状图编制	专业基础	其他	0801	必修	本科生	65	20	2	测320 测328	
21	油气田地下地质学	沉积微相平面图编制	专业基础	其他	0801	必修	本科生	65	20	2	测320 测328	
22	油气田地下地质学	油气田地下地质剖面图及构造图	专业基础	其他	0801	必修	本科生	65	20	2	测320 测328	
23	油气田开发地质学	油层细分与对比	专业	其他	0801	必修	本科生	104	20	2	测320 测328	能源专业基础展示室、分室、有机地球化学室
24	油气田开发地质学	储层沉积微相编图	专业	其他	0801	必修	本科生	104	20	2	测320 测328	
25	油气田开发地质学	断层识别与构造图编制	专业	其他	0801	必修	本科生	104	20	2	测320 测328	
26	油气田开发地质学	石油储量与可采储量计算	专业	其他	0801	必修	本科生	104	20	2	测320 测328	
27	能源地质学	煤岩学实习	专业基础	综合性	0801	必修	本科生	24	24	4	测320 测328	

序号	课程名称	实验名称	实验类别	实验类型	实验所属学科	实验要求	实验者类别	实验者人数	每组人数	实验学时数	实验室编号	实验室名称
28	能源地质学	原油在运载层中运移发生的变化	专业基础	综合性	0801	必修	本科生	24	24	4	测320 测328	能源专业基础展示
29	现代测试技术及研究方法	主要大型仪器认识	专业	演示性	0801	必修	本科生	68	34	4	2-225 测320	分室、有机地球化学室
30	现代测试技术及研究方法	原子吸收法测试溶液铜	专业	验证性	0801	必修	本科生	68	17	4	测122	材料学院化学实验室
31	现代测试技术及研究方法	虚拟实验（原子吸收光谱，紫外吸收光谱）	专业	其他	0801	必修	本科生	68	34	2	测411	
32	现代测试技术及研究方法	虚拟实验（红外光谱，气相色谱）	专业	其他	0801	必修	本科生	68	34	2	测411	数值模拟室
33	现代测试技术及研究方法	虚拟实验（液相色谱，色质谱联用）	专业	其他	0801	必修	本科生	68	34	2	测411	
34	现代测试技术及研究方法	岩石碳酸盐含量测试	专业	验证性	0801	必修	本科生	68	11	2	测325	油层物理室
35	石油工程概论	有杆泵采油实验	其他	演示性	0801	必修	本科生	165	30	2	测338	油田开发室
36	石油技术经济评价	方案比较与盈亏分析	其他	其他	0801	必修	本科生	51	30	2	测411	数值模拟室
37	计算机应用		其他	其他	0801	必修	本科生	76	30	30	测411	数值模拟室
38	计算机应用	工作站系统及其软件功能介绍展示	演示性	其他	0801	必修	本科生	76	18	2	测425	计算机工作站
39	能源与环境保护	环境噪声测量	其他	验证性	0801	必修	本科生	80	30	2	1-116	水化学与环境监测实验室
40	能源与环境保护	大气中 TSP 的测定	其他	验证性	0801	必修	本科生	80	30	2	测328	油田开发室
41	能源与环境保护	快速消解法 CODcr 测量	其他	验证性	0801	必修	本科生	80	30	2	1-116	水化学与环境监测实验室

序号	课程名称	实验名称	实验类别	实验类型	实验所属学科	实验要求	实验者类别	实验者人数	每组人数	实验学时数	实验室编号	实验室名称
42	渗流力学	等值渗流阻力法应用:水平井增产能力分析	专业	综合性	0801	必修	本科生	110	30	4	测411	数值模拟室
43	渗流力学	不稳态渗流井壁压力变化规律	专业	综合性	0801	必修	本科生	110	30	8	测411	数值模拟室
44	渗流力学	一维水驱油饱和度变化规律	专业	综合性	0801	必修	本科生	110	30	4	测411	数值模拟室
45	油层物理学	岩石孔隙度的测定	专业	验证性	0801	必修	本科生	110	12	1	测325	油层物理室
46	油层物理学	岩石渗透率测定	专业	验证性	0801	必修	本科生	110	12	1	测325	油层物理室
47	油层物理学	岩石比表面积测定	专业	验证性	0801	必修	本科生	110	12	1	测325	油层物理室
48	油层物理学	岩石碳酸盐含量测定	专业	验证性	0801	必修	本科生	110	12	1	测325	油层物理室
49	油层物理学	计算机处理实验数据	专业	验证性	0801	必修	本科生	110	30	4	测411	数值模拟室
50	油层物理与渗流	岩层孔隙度测定	专业	验证性	0801	必修	本科生	57	12	1	测325	油层物理室
51	油层物理与渗流	岩石渗透率测定	专业	验证性	0801	必修	本科生	57	12	1	测325	油层物理室
52	油层物理与渗流	岩石比表面积测定	专业	验证性	0801	必修	本科生	57	12	1	测325	油层物理室
53	油层物理与渗流	计算机处理实验数据	专业	验证性	0801	必修	本科生	57	30	3	测411	数值模拟室
54	应用沉积岩学基础	石英砂岩的鉴定	专业基础	验证性	0801	必修	本科生	24	24	2	测330	沉积岩实验室
55	应用沉积岩学基础	长石砂岩的鉴定	专业基础	验证性	0801	必修	本科生	24	24	2	测330	沉积岩实验室
56	应用沉积岩学基础	碳酸盐岩的鉴定	专业基础	验证性	0801	必修	本科生	24	24	2	测330	沉积岩实验室
57	钻井与完井工程	钻井演示实验	专业	演示性	0801	必修	本科生	110	30	1	测338	油田开发室
58	钻井与完井工程	钻头参观实验	专业	演示性	0801	必修	本科生	110	30	1	测320	能源专业基础展示分室
59	钻井与完井工程	一口井钻柱设计	专业	设计性	0801	必修	本科生	110	30	4	测411	数值模拟室
60	钻井与完井工程	泥浆循环实验	专业	验证性	0801	必修	本科生	110	30	1	测338	油田开发室
61	沉积学基础	砾岩及石英砂岩	专业基础	验证性	0801	必修	本科生	68	20	2	测330	沉积岩实验室

序号	课程名称	实验名称	实验类别	实验类型	实验所属学科	实验要求	实验者类别	实验者人数	每组人数	实验学时数	实验室编号	实验室名称
62	沉积学基础	长石砂岩、岩屑砂岩、杂砂岩、黏土岩及粉砂岩	专业基础	验证性	0801	必修	本科生	68	20	2	测330	沉积岩实验室
63	沉积学基础	碳酸盐岩	专业基础	验证性	0801	必修	本科生	68	20	2	测330	
64	沉积学基础	火山碎屑岩、其他沉积岩	专业基础	验证性	0801	必修	本科生	68	20	2	测330	
65	石油与天然气地质学	原油性质观察与测定	专业基础	验证性	0801	必修	本科生	110	18	2	测320	
66	石油与天然气地质学	圈闭和油气藏类型识别	专业基础	验证性	0801	必修	本科生	110	18	2	测320	
67	石油与天然气地质学	TTI 的计算和应用	专业基础	验证性	0801	必修	本科生	110	18	2	测320	
68	石油与天然气地质学	油气藏形成及分布综合实习	专业基础	综合性	0801	必修	本科生	110	30	2	测320	能源专业基础展示分室
69	石油与天然气地质学	地层流体认识	专业基础	验证性	0801	必修	本科生	50	30	2	测320	
70	石油与天然气地质学	烃源岩评价	专业基础	验证性	0801	必修	本科生	50	30	2	测320	
71	石油与天然气地质学	圈闭和油气藏的识别	专业基础	验证性	0801	必修	本科生	50	30	2	测320	
72	石油与天然气地质学	油气成藏时间确定	专业基础	验证性	0801	必修	本科生	50	30	2	测320	
73	石油与天然气地质学	油气资源评价	专业基础	验证性	0801	必修	本科生	50	30	2	测320	
74	油藏描述与数值模拟	工作站式油藏描述系统、资料解释	专业	演示性	0801	必修	本科生	67	17	2	测425	计算机工作站
75	油藏描述与数值模拟	差分格式稳定性实验	专业	验证性	0801	必修	本科生	67	30	4	测411	数值模拟室
76	油藏描述与数值模拟	三对角阵、五对角阵解法编程	专业	验证性	0801	必修	本科生	67	30	4	测411	
77	油藏描述与数值模拟	一维经向不稳定渗流数值模拟	专业	综合性	0801	必修	本科生	67	30	6	测411	
78	采油工程	两相垂直管流模拟实验	专业	验证性	0801	必修	本科生	110	30	2	测338	油田开发室
79	采油工程	有杆抽油机演示实验	专业	演示性	0801	必修	本科生	110	30	1	测338	
80	采油工程	深井泵结构及工作原理演示	专业	演示性	0801	必修	本科生	110	30	1	测338	
81	采油工程	采油工艺 IPR 曲线绘制综合上机实验	专业	综合性	0801	必修	本科生	110	30	4	测411	数值模拟室

附录7 能源实验中心实验室主任招聘方案（2013）

能源实验中心实验室主任招聘方案

一、实验分室负责人岗位职责

1. 熟悉本学科方向的前沿发展动态，掌握有关的实验理论及实验技术，开发与利用相关实验仪器的各项功能，保障本校（有条件时承接校外）科学研究中仪器设备的有效利用，支撑科研成果的产出。

2. 负责与该实验室相关的本科教学实习和研究生科研活动，保障实验室开放、运行等工作。

3. 负责实验室建设与管理，包括实验室建设计划、设备申购、维修计划、实验材料申购计划等，并协助实验中心主任组织实施和检查执行情况。

4. 协助专职实验人员，做好实验室固定资产的使用和管理工作，包括仪器设备及实验材料建账建卡、日常使用与保养、维护维修、调试安装等工作的安排和处理。提高仪器设备的完好率、利用率。

5. 协助专职实验人员，做好实验室的安全、卫生和环境保护工作，配合学校、学院组织的各种检查工作，做好年终工作总结和实验室工作的评比与评估工作。

6. 加强实验室科学管理，执行学院规章制度，负责拟定实验室有关规章制度实施细则，并负责检查执行情况。负责组织完成学校和学院布置的其他相关工作。

二、实验分室负责人岗位待遇

1. 实验室负责人岗位为技术兼职岗，主要在专职教师（以青年教师为主）中招聘。实验室负责人根据其完成岗位职责情况，可以获得数量不等的教学工作量。

2. 在实验中心建设和发展中做出较大贡献的实验室负责人，将在年终考核中予以表彰，在教师职称申报推荐时（同等条件下）优先考虑。

三、实验室负责人岗位考核

1. 每年组织对实验室负责人执行岗位责任制情况进行测评和考核，确定实验室负责人工作职责和任务完成情况。

2. 根据考核结果兑现相应报酬，并决定下一年度的岗位续聘工作。采取试用期制度，期内达不到标准、不能很好地胜任工作或年终评议达不到60%满意度者，拒绝继续留用。

附：实验室岗位设置一览表

（1）能源基础实验室

（2）盆地与构造实验室

（3）沉积与储层实验室

（4）非常规储层（煤层气）评价实验室

（5）非常规资源（页岩气）评价实验室

（6）地球化学与成藏实验室

（7）油气藏开发机理与数值模拟实验室

（8）非常规油气藏提高采收率实验室

（9）能源信息实验室

能源实验中心

2013.04.15

北京西山页岩野外实训

实习指导书

（简化版）

负责人：张金川　林天懿　唐　玄

编写人：党　伟　卢亚亚　任　君　刘　冲　尹腾宇

　　　　刘　飏　余文武　赵倩茹　邓浩桐

中国地质大学（北京）

北京市地质勘查技术院

二〇一四年十一月

目　录

0 前言

北京西山位于太行山山脉北段与华北平原的邻接处，地势西北高、东南低，除东南侧一小部分为平原-丘陵外，大部为中高山区。区内多为季节性间歇河流，平时水量很少甚至干涸。

北京西山地区各种地质现象丰富，蕴藏着丰富的煤、石灰岩、花岗岩等矿产资源，闻名遐迩的周口店猿人遗址、著名的石花洞、香山八大处等名胜古迹云集，交织的公路和铁路网络穿插其间，是中外闻名的旅游胜地。

R. Pumpelly（1863—1864）、F. Solger（1910—1912）、叶良辅等（1918）、田奇瑀（1923）、王恒升（1926—1935）、高振西（1934）、张文佑（1935）、熊秉信（1936）、李四光（1937）、王鸿祯（1948）、孙云铸（1957）等一批中外地质学家都曾先后对西山进行了地质研究，建立了标准地层剖面，划分了地质构造运动，确定了岩浆侵入期次，编制了相应地质图件，是我国最早系统开展地质研究的地区。北京西山是中国最早培养地质人才和开展地质研究的地方，素有"中国地质摇篮"之称。目前已先后开发出了十余条地学考察路线，形成了集研究、教学、科普及旅游于一体的地学基地。

北京西山页岩地层发育，纵向间隔时间长，横向分布面积大，原始沉积类型多，后期变化改造强，是开展页岩研究和实训的有利地区。

1 西山地区区域地质概况

1.1 地层

西山地区位于近东西向的燕山构造带与北北东向的太行山构造带的接合地带。区内地层发育较全，并可与华北地台及其他邻区对比。西山地区地层从太古界到新生界均有发育，时间跨度巨大，地层发育众多，受篇幅所限，此处仅介绍含页岩层系的地层发育特征。需要说明的是，西山地区因受构造作用及热液活动影响，页岩层系已发生不同程度的变质作用，部分转变为板岩、千枚岩等变质岩。尽管如此，开展页岩发育基础地质条件研究仍具有积极作用。

（1）洪水庄组（Jx_2h）

属于中元古界蓟县系，厚 38 m。该套地层厚度及岩性横向分布稳定，岩性主要为灰黑色含锰质板岩，其顶、底部夹灰黑色薄层含锰质白云岩或透镜体，粒细色暗，发育水平层理且有不规则状黄铁矿顺层分布，属陆架氧化界面以下宁静、还原的低能环境沉积。

（2）铁岭组（Jx_2t）

属于中元古界蓟县系，厚 186～215 m。下部为发育大型板状交错层理且含少量硅质条带的浅灰色厚层-块状结晶白云岩，底部为发育交错层理的灰色厚层-巨厚层状含锰质白云岩夹薄层或透镜状石英岩，下部和底部铁、锰质含量高且局部可见内碎屑，为潮下高能环境；中部为黑色-深灰色薄-中层结晶白云岩夹板岩、片岩，具水平层理，属浅海低能环境；上部为含少量硅质条带和硅质透镜体的灰色中-厚层结晶白云岩，顶部为发育叠层石的灰色中-厚层含叠层石白云岩，上部和顶部水平藻纹层和波状藻纹层发育，偶见鸟眼构造，叠层石发育，为潮下高能-潮坪环境。

（3）下马岭组（Qn_1x）

属于新元古界，以千枚状板岩及粉砂质板岩为主，厚120~170 m。底部为褐绿色含磁铁矿千枚状板岩，下部为灰绿、褐绿色千枚状板岩和粉砂质千枚状板岩组成的1~10 cm韵律层，中部为形成于潟湖环境、含黄铁矿和水平层理的暗绿色板岩夹炭质板岩，上部为沉积于潮坪环境、具低角度交错层理的褐灰色粉砂质板岩夹薄层状变质细砂岩。

（4）龙山组（Qn_2l）

属于新元古界，总厚大于20 m。下部为沉积于海滩砂坝环境、局部含海绿石、发育交错层理、平行层理及波痕的灰色-褐灰色厚层变质中粗粒石英砂岩，上部为形成于浅海环境、含黄铁矿、发育水平层理的浅灰色千枚状或斑点状板岩。

（5）景儿峪组（Qn_2j）

属于新元古界，属浅海沉积，厚36~55 m。下部为白色薄-中层大理岩夹灰黑色薄层大理岩，上部为灰色、灰黄色钙质板岩。

（6）馒头-毛庄组（$\epsilon_{1+2}m$）

属于下古生界，厚46 m。岩性为灰色、银灰色、灰黄色、浅灰绿色等杂色页岩，夹灰黄色大理岩透镜体。

（7）徐庄组（ϵ_2x）

属于下古生界，厚41 m。为灰色千枚状板岩、粉砂质板岩夹中厚层鲕状灰岩和泥质灰岩，顶部板岩中具孔雀石薄膜。

（8）张夏组（ϵ_2z）

属于下古生界，厚134 m。为灰绿色千枚状板岩、粉砂质板岩夹中厚层鲕状灰岩和结晶灰岩。

（9）本溪组（C_2b）

属上古生界，总厚54 m。底部发育硬绿泥石角岩及红柱石角岩，下部为杂色粉砂质板岩及变质粉砂岩，中部为含黄铁矿假晶的灰色、浅灰色板岩，上部为灰色、灰黑色红柱石角岩，顶部可见黑色薄层炭质板岩。

（10）太原组（$C_2—P_1t$）

属上古生界，厚度64 m。下部为沉积于滨海砂坝及潮上泥质环境的灰色、褐灰色中厚层变质细粒石英砂岩夹灰黑色板岩，上部为沉积于近海沼泽环境中夹有薄煤层的灰黑色、褐灰色薄层粉砂岩、板岩、粉砂质板岩。

（11）山西组（$P_{1-2}s$）

属上古生界，厚90 m。下部为含细砾级的角砾岩、褐灰色中厚层变质中粗粒岩屑砂岩、炭质板岩夹煤层，为河流沉积。上部为深灰色中厚层变质中细粒、变质岩屑砂岩、炭质板岩、粉砂质板岩夹煤层，为湖沼沉积。

（12）窑坡组（J_1y）

属中生界，厚 321 m。为滨湖、湖沼及河流沉积，岩性为灰黑色、浅灰色中厚层变质砂岩夹含炭质粉砂质板岩、千枚岩及数层可采煤层。

（13）龙门组（J_2l）

属中生界，厚 300 m。主要为灰黑色含炭质粉砂质板岩、千枚状板岩及变质砂岩，底部见冲刷面，为灰白色巨厚层石英岩质变质砾岩。

1.2 西山地区构造演化

北京西山地区随华北板块一起经历了太古宙及古元古代漫长的地质演变，吕梁运动以后进入了中元古代-三叠纪相对稳定的盖层发展阶段，印支运动之后则进入了活化阶段，经历了构造运动、火山活动等地质事件频繁发生的印支、燕山及喜马拉雅运动，各种地质事件在不同时代和体制下有规律地发生、发展，形成了复杂而又独具特色的地质演化历史。其中，盖层发展及其期后是页岩发育的主要时期，活化阶段是页岩改造和变质的主要时期。

2 西山地区地质教学路线指南

根据页岩地层的典型性、代表性及可及性等原则，中国地质大学（北京）与北京市地质勘查技术院联合共建了北京西山页岩实践基地（图1），在北京西山地区（房山区和门头沟区）选择了6个典型剖面（图2，图3）。

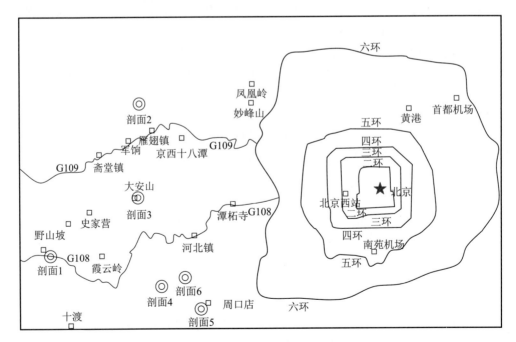

图1 北京西山实习区剖面位置示意图

图 2　北京西山页岩实践基地奠基仪式

图 3　北京西山页岩实践基地典型剖面点

2.1　房山区霞云岭乡堂上村剖面

2.1.1　教学任务

1）观察上古生界石炭系山西组的地层层序和页岩特点。

2）测制上古生界石炭系山西组地层信手剖面图。

2.1.2　剖面观察

（1）剖面位置

剖面位于北京市房山区霞云岭乡堂上村一线。

起点坐标、高程：N：39°47.084′，E：115°34.252′，H：612 m。

终点坐标、高程：N：39°47.045′，E：115°34.261′，H：596 m。

（2）剖面地层

霞云岭乡堂上村剖面地层为上古生界石炭系山西组，未见顶底，剖面走向195°，地层倾角变化于20°～30°之间（图4）。

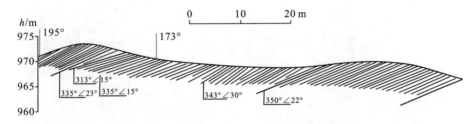

图4　房山区霞云岭乡堂上村剖面图

剖面地层岩性主要为黑色砂质页岩，部分为灰黑色砂质页岩与灰黑色粉砂岩互层（图5），表面风化严重，颜色黑黄相间。

（3）剖面观察点

第一层：主要是硬度较大的黑色粉砂质页岩（图6），地层倾角约23°，厚约2.64 m，表面风化严重，呈土黄色。

第二层：灰黑色粉砂岩（图7），倾角约15°，厚89 cm。

第三层：主要为黑色粉砂质页岩（图8），硬度较大，地层倾角约30°，厚21.19 m。

第四层：主要为灰黑色粉砂岩（图9），厚12.66 m，倾角约22°，页岩表面风化严重。

2.2　门头沟区书字岭村剖面

2.2.1　教学任务

1）观察中元古界蓟县系下马岭组三段（Qn_1x^3）地层层序和页岩特点。

2）测制蓟县系下马岭组三段地层信手剖面图。

2.2.2　剖面观察

（1）剖面位置

剖面位于北京市门头沟 Y606 公路一线。

起点坐标、高程：N：40°1.454′，E：115°46.475′，H：586 m。

终点坐标、高程：N：40°1.483′，E：115°46.470′，H：612 m。

（2）剖面地层

书字岭村剖面地层为中元古界蓟县系下马岭组（Qn_1x^3）三段，未见顶底，剖面走向354.5°，地层倾角较大（图10），南部倾角大约80°，中部向北倾角小至45°。

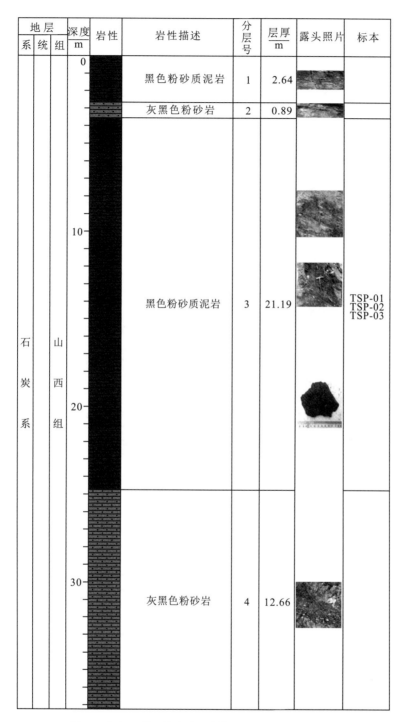

地层			深度 m	岩性	岩性描述	分层号	层厚 m	露头照片	标本
系	统	组							
石炭系	山西组		0		黑色粉砂质泥岩	1	2.64		
					灰黑色粉砂岩	2	0.89		
			10		黑色粉砂质泥岩	3	21.19		TSP-01 TSP-02 TSP-03
			20						
			30		灰黑色粉砂岩	4	12.66		

图 5　房山区霞云岭乡堂上村剖面柱状图（1∶200）

　　下马岭组三段地层岩性主要发育黑色灰质页岩（图 11），部分为灰黑色灰质页岩与灰白色、浅灰白色泥灰岩互层，表面风化严重，颜色黑黄相间。

图 6　霞云岭乡堂上村剖面第一层

图 7　霞云岭乡堂上村剖面第二层

图 8　霞云岭乡堂上村剖面第三层

图 9　霞云岭乡堂上村剖面第四层

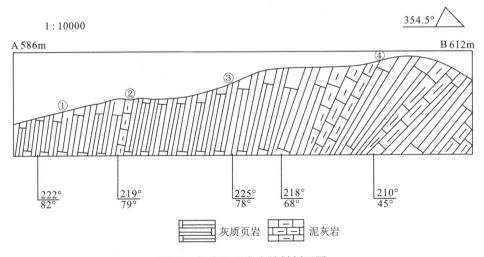

图 10　门头沟区书字岭村剖面图

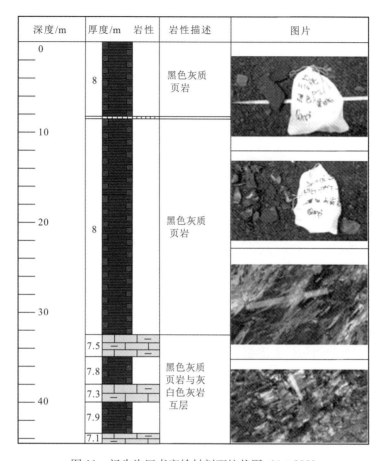

深度/m	厚度/m	岩性	岩性描述	图片
0	8		黑色灰质页岩	
10	8		黑色灰质页岩	
20				
30				
	7.5		黑色灰质页岩与灰白色灰岩互层	
	7.8			
40	7.3			
	7.9			
	7.1			

图 11　门头沟区书字岭村剖面柱状图（1：200）

（3）剖面观察点

第一层：主要是黑色灰质页岩，地层倾角 82°，厚 8.18 m，表面风化呈黄黑斑驳色（图 12）。

图 12　门头沟区书字岭村剖面第一层

第二层：灰黄白色泥灰岩，倾角79°，厚20 cm。

第三层：主要是黑色灰质页岩，地层倾角70°，厚23.83 m，与第一层相近。

第四层：主要为灰黑色灰质页岩与灰白色泥质灰岩互层，地层倾角45°，厚13 m，页岩表面风化严重。

2.3 大安乡曲曲涧天下第一坡剖面

2.3.1 教学任务

1）观察描述中生界中、下侏罗统窑坡组下段（J_1y^1）、窑坡组上段（J_1y^2）和龙门组（J_2l）地层的岩性及其组合特征、地层接触关系并初步进行沉积岩相分析。

2）详细划分地层单位并按实测剖面的精度要求分层。

3）测制地层剖面图（1∶10000）。

2.3.2 剖面观察

（1）剖面位置

剖面位于大安乡曲曲涧村天下第一坡赛道旁山腰。

起点坐标、高程：N：39°55′4″，E：115°47′30″，H：1030 m。

起点坐标、高程：N：39°54′38″，E：115°47′27″，H：824 m。

（2）剖面地层

剖面位于大安乡曲曲涧村，剖面沿越野赛道展布，地层出露状况较好，倾角较小（图13），厚度较大（图14），延伸较长。

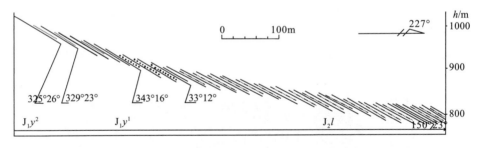

图13 大安乡曲曲涧天下第一坡剖面图

（3）剖面观察点

A. 龙门组（J_2l）

第一层：黑色粉砂岩，厚3.17 m。

第二层：灰色、黑色块状砾岩夹铁质页岩（图15），厚39.5 m。

第三层：黑色粉砂质页岩（图16），厚5.5 m。

第四层：块状砾岩和粉砂岩的韵律层，厚16.31 m。

B. 窑坡组上段（J_1y^2）

地层			深度/m	岩性	岩性描述	分层	层厚/m	岩石照片	采样编号
系	统	组							
侏罗系	中侏罗统	龙门组	0		黑色粉砂岩	1	3.17		QQJ-001/0M
			10–20		灰色、黑色块状砾岩夹铁质泥岩	2	39.5		
			30		黑色粉砂质泥岩	3	5.5		QQJ-002/43.3M QQJ-003/46.5M
			30–40		地层推测为J₂l砾岩和粉砂岩组成的韵律层砂质泥岩	4	16.31		
		窑坡组上段	50		灰黑色粉砂岩	5	24.5		
			60		灰黑色、灰白色粉砂岩	6	7.7		
			70		黑色粉砂质泥岩夹煤层	7	9.9		QQJ-004/13.4M
			80–90		灰色泥质粉砂岩、黑色炭质、粉砂质泥岩夹煤层	8	26.93		QQJ-005/27.4M
			100–130		覆盖层推测为J₁y²砂质泥岩	9	34.63		
	下侏罗统		130–160		厚层状灰绿色砂岩	10	77.4		
			170		黑色炭质页岩	11	29.6		QQJ-006/48M
		窑坡组下段	180–190		深灰色、黑色块状岩屑砂岩	12	32		
			200–310		灰色岩屑砂岩、粉砂岩	13	117.93		
			320		黑色岩屑砂岩	14	16.06		QQJ-007/50M

图14　大安乡曲曲涧天下第一坡剖面柱状图（1∶200）

图 15　大安乡曲曲涧村天下第一坡剖面第二层

图 16　大安乡曲曲涧村天下第一坡剖面第三层

第五层：灰黑色粉砂岩，厚 24.5 m。

第六层：灰黑色及灰白色粉砂岩，厚 7.7 m。

第七层：黑色粉砂质页岩与灰色泥质粉砂岩（图 17），夹厚 1.5 m 的煤层，厚 9.9 m。

第八层：灰色泥质粉砂岩为主，含黑色炭质页岩、粉砂质页岩夹煤线（图 18），厚 26.93 m。

第九层：推测为粉砂质页岩，厚 34.63 m。

第十层：厚层状灰绿色砂岩，厚为 77 m。

第十一层：黑色炭质页岩（图 19），厚 29.6 m。

C. 窑坡组下段（J_1y^1）

图 17　大安乡曲曲涧村天下第一坡
剖面第七层

图 18　大安乡曲曲涧村天下第一坡
剖面第八层

图 19　大安乡曲曲涧村天下第一坡剖面第十一层

第十二层：深灰色块状岩屑砂岩，厚 32 m。

第十三层：灰色岩屑砂岩，厚 117.93 m。

第十四层：岩屑砂岩夹灰黑色细砂岩、粉砂岩、泥质板岩，厚度不小于 16 m。

2.4　周口店镇葫芦棚村村口剖面

2.4.1　教学任务

1）观察上古生界石炭系清水涧组地层层序和页岩特点。

2）测制上古生界石炭系清水涧组地层信手剖面图。

2.4.2 剖面观察

(1) 剖面位置

剖面位于周口店镇葫芦棚村村口一线。

起点坐标、高程：N：39°43.700′，E：115°50.850′，H：459 m。

终点坐标、高程：N：26°23.617′，E：112°56.649′，H：121 m。

(2) 剖面地层

主要发育变质砂岩、浅灰色大理岩、灰绿色片岩，部分为浅灰色结晶灰岩、准片岩
（图20，图21），剖面走向大约200°，地层倾角约为40°。

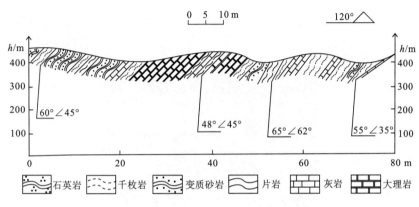

图20 周口店镇葫芦棚村村口剖面图

(3) 剖面观察点

第一层：主要为变质砂岩，厚1.47 m，倾角45°。

第二层：以片岩、千枚岩为主，厚1.47 m，地层倾角43°。

第三层：主要为变质砂岩，厚3.44 m，倾角45°（图22）。

第四层：主要为灰黄色准片岩，厚0.49 m，倾角45°（图23）。

第五层：以灰绿色片岩、准片岩为主，硬度较低，易破碎，厚0.74 m，倾角62°。

第六层：以变质砂岩为主，厚0.74 m，倾角35°左右。

第七层：以肉红色变质砂岩为主，厚2.46 m，倾角35°左右。

第八层：以灰岩为主，厚0.49 m，倾角35°左右。

第九层：以浅灰色大理岩互层为主，厚7.86 m，倾角35°左右。

第十层：以片岩与结晶灰岩为主，厚0.25 m，倾角35°左右。

第十一层：以结晶灰岩为主，厚5.16 m，倾角35°左右。

第十二层：以灰黄色准片岩为主，厚0.86 m，倾角35°左右。

第十三层：以变质砂岩为主，厚0.57 m，倾角35°左右。

第十四层：以灰绿色片岩、准片岩为主，厚1.8 m，倾角35°左右。

第十五层：以浅灰色片岩为主，厚1.03 m，倾角62°左右。

第十六层：以结晶灰岩为主，厚2.92 m，倾角62°左右。

第十七层：以灰白色片岩为主，厚3.66 m，倾角62°左右。

地层		深度/m	岩性	岩性描述	分层号	厚度/m	照片
系	组						
石炭系	清水涧组			变质砂岩	1	1.47	
				准片岩、千枚岩	2	1.47	
				变质砂岩	3	3.44	
				准片岩	4	0.49	
				片岩	5	0.74	
				变质砂岩	6	0.74	
				肉红色变质砂岩	7	2.46	
				深灰色灰岩	8	0.49	
				浅灰色大理岩	9	7.86	
				片岩与结晶灰岩互层	10	0.25	
				结晶灰岩	11	5.16	
		50		灰黄色准片岩	12	0.86	
				变质砂岩	13	0.57	
				灰绿色片岩、准片岩	14	1.80	
				浅灰色准片岩	15	1.03	
				结晶灰岩	16	2.92	
				灰白色片岩	17	3.66	
				肉红色结晶灰岩	18	1.46	
				准片岩与浅灰色结晶灰岩互层	19	2.19	
				变质砂岩	20	1.83	
				准片岩	21	2.44	

图 21　周口店镇葫芦棚村村口剖面柱状图（1∶200）

193

图 22　周口店镇葫芦棚村村口剖面第三层

图 23　周口店镇葫芦棚村村口剖面第四层

第十八层：以肉红色结晶灰岩为主，厚 1.46 m，倾角 62°左右。
第十九层：以准片岩与结晶灰岩为主，厚 2.19 m，倾角 62°左右。
第二十层：以变质砂岩为主，厚 1.83 m，倾角 62°左右。
第二十一层：以准片岩为主，厚 2.44 m，倾角 35°左右。

2.5　周口店镇黄山店村新红路旁剖面

2.5.1　教学任务

1）观察元古宇蓟县系铁岭组和青白口系下马岭组地层层序和变质岩特点。
2）测制元古宇蓟县系铁岭组和青白口系下马岭组地层信手剖面图。

2.5.2 剖面观察

（1）剖面位置

剖面位于周口店镇黄山店村新红路旁。

起点坐标、高程：N：39°41′46″，E：115°50′46″，H：129 m。

终点坐标、高程：N：39°41′47″，E：115°50′46″，H：130 m。

（2）剖面地层

元古宇蓟县系铁岭组和青白口系下马岭组地层以浅灰色为主，铁岭组主要发育灰白色大理岩，下马岭组主要发育浅灰色、灰白色千枚岩，剖面走向大约200°，倾角约30°（图24至图26）。

图24 周口店镇黄山店村新红路旁剖面示意图

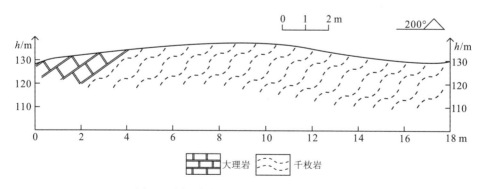

图25 周口店镇黄山店村新红路旁剖面图

（3）剖面观察点

第一层：岩性为灰白色大理岩（图27），厚度1.42 m，地层倾角约35°。

地层		深度 m	岩性	岩性描述	分层号	厚度 m	照片
系	组						
蓟县系	铁岭组	1		灰白色大理岩	1	1.42	
青白口系	下马岭组	2 3 4 5 6		浅灰色、灰白色千枚岩	2	4.96	 

图26 周口店镇黄山店村新红路旁剖面柱状图（1∶100）

第二层：岩性为较软的浅灰色、灰白色千枚岩（图28），可见丝绢光泽，可见厚度 6.38 m，地层倾角约 30°。

图27 周口店镇黄山店村新红路旁
剖面第一层

图28 周口店镇黄山店村新红路旁
剖面第二层

2.6 周口店镇车厂村剖面

2.6.1 教学任务

1）观察中生界侏罗系窑坡组地层层序和页岩特点。

2）测制中生界侏罗系窑坡组地层信手剖面图。

2.6.2 剖面观察

（1）剖面位置

剖面位于北京市周口店镇车厂村。

起点坐标、高程：N：39°44.15′，E：115°54.3′，H：235 m。

终点坐标、高程：N：39°44.167′，E：115°54.25′，H：254 m。

（2）剖面地层

中生界侏罗系窑坡组主要发育深灰色页岩、浅灰色变质砂岩及煤层，部分为炭质页岩（图29，图30），剖面走向大约260°，地层倾角大约60°。

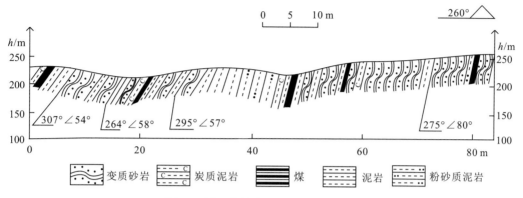

图29　周口店镇车厂村公路旁剖面图

（3）剖面观察点

第一层：为深灰色变质砂岩，厚1.43 m，倾角54°（图31）。

第二层：煤，厚0.28 m，倾角约57°。

第三层：主要为深、浅灰色泥岩，厚2.76 m，倾角为54°（图32）。

第四层：主要为变质砂岩，厚2.43 m，地层倾角54°。

第五层：主要为深灰色泥岩，厚0.88 m，地层倾角54°。

第六层：主要为深灰色变质砂岩，厚2.79 m，地层倾角54°。

第七层：主要为深灰色泥岩，厚1.61 m，地层倾角54°。

第八层：主要为变质砂岩，厚1.1 m，地层倾角54°。

第九层：主要为暗色炭质泥岩，厚1.27 m，地层倾角58°。

第十层：主要为煤，厚0.42 m，地层倾角58°。

第十一层：主要为深灰色泥岩，厚2.06 m，地层倾角58°。

第十二层：主要为灰色变质砂岩，厚2.06 m，地层倾角58°。

第十三层：主要为深灰色泥岩，厚1.03 m，地层倾角57°。

第十四层：主要为浅灰色变质砂岩，厚2.06 m，地层倾角57°。

第十五层：主要为深灰色泥岩，厚4.77 m，地层倾角57°。

第十六层：主要为浅灰色粉砂质泥岩，厚3.56 m，地层倾角57°。

第十七层：主要为暗色泥岩，厚0.69 m，地层倾角57°。

第十八层：主要为煤，厚0.64 m，地层倾角57°。

第十九层：主要为灰色泥岩，厚0.96 m，地层倾角57°。

第二十层：主要为浅灰色变质砂岩，厚0.95 m，地层倾角57°。

第二十一层：主要为深灰色泥岩，厚1.99 m，地层倾角57°。

第二十二层：主要为灰色变质砂岩，厚4.36 m，地层倾角57°。

地层			深度 m	岩性	岩性描述	分层号	厚度 m	照片
系	组	段						
侏罗系	窑坡组	窑坡组上段			浅灰色变质砂岩	1	1.43	
					煤	2	0.28	
					深灰色泥岩	3	2.76	
					变质砂岩	4	2.43	
					深灰色泥岩	5	0.33	
					深灰色变质砂岩	6	2.79	
					深灰色泥岩	7	1.61	
					变质砂岩	8	1.10	
					暗色炭质泥岩夹千枚岩	9	1.27	
					煤	10	0.42	
					深灰色泥岩	11	2.06	
					灰色变质砂岩	12	2.06	
					深灰色泥岩	13	1.03	
					浅灰色变质砂岩	14	2.06	
					深灰色泥岩	15	4.77	
					深灰色粉砂质泥岩	16	3.56	
					暗色泥岩	17	0.69	
					煤	18	0.64	
					灰色泥岩	19	0.96	
			50		浅灰色变质砂岩	20	0.95	
					深灰色泥岩	21	1.99	
					灰色变质砂岩	22	4.36	
		窑坡组下段			炭质泥岩	23	0.64	
					灰色变质砂岩	24	8.11	
					暗色泥岩	25	0.92	
					灰色变质砂岩	26	6.41	
					深灰色粉砂质泥岩	27	1.62	
					灰色变质砂岩	28	2.68	

图 30 周口店镇车厂村公路旁剖面柱状图

图 31　周口店镇黄山店村新红路旁剖面第一层

图 32　周口店镇车厂村公路旁剖面第三层

第二十三层：主要为暗色泥岩，厚 0.69 m，地层倾角 57°。
第二十四层：主要为灰色变质砂岩，厚 8.11 m，地层倾角 57°。
第二十五层：主要为暗色泥岩，厚 0.92 m，地层倾角 57°。
第二十六层：主要为灰色变质砂岩，厚 6.91 m，地层倾角 80°。
第二十七层：主要为深灰色粉砂质泥岩，厚 1.62 m，地层倾角 80°。
第二十八层：主要为灰色变质砂岩，厚 2.68 m，地层倾角 80°。

参考文献

鲍亦冈, 王继明. 2009. 对北京区域地质调查工作的回顾, 展望新时期区调工作的深化与拓展. 地质学史论丛, (5): 5.

陈云峰, 吴淦国, 王根厚. 2007. 北京周口店豹皮灰岩的变形特征. 地质通报, (6): 769-775.

方同明, 黄淇, 李小龙, 等. 2012a. 北京西山下马岭组砖瓦用页岩资源特征分析. //全国墙材科技信息网, 《砖瓦》杂志社, 中国墙体屋面材料发展中心, 国家建材工业墙体屋面材料质量监督检验测试中心. 2012年第十五届(南京)国际墙体屋面材料生产技术及装备博览会论文集: 6.

方同明, 黄淇, 李小龙, 等. 2012b. 北京西山下马岭组砖瓦用页岩资源特征分析. 砖瓦, (11): 5-10.

高冉, 赵健, 任银花, 等. 2011. 北京西山地质旅游资源开发. 资源与产业, (1): 126-131.

何斌, 徐义刚, 王雅玫, 等. 2005. 北京西山房山岩体岩浆底辟构造及其地质意义. 地球科学, (3): 298 -308.

纪玉杰. 2002. 北京西山侏罗纪煤田矿震与地质灾害的关系. 北京地质, (3): 11-21.

纪玉杰. 2004. 北京西山石炭-二叠纪煤系变形变质特征与地质灾害. 北京地质, (2): 1-17.

李志斌. 2013. 北京西山中生代构造变形样式、形成时代及其意义. 北京: 中国地质大学(北京).

刘庆余. 1990. 北京西山的地质研究及其地质实习基地的历史回顾. 地球科学, (6): 697-704+679.

卢惠华, 石绍宗, 钱佩娟. 2009. 北京区域地质调查工作回顾. 地质学史论丛, (5): 9.

马文璞, 刘昂昂. 1986. 北京西山——一个早中生代拗拉谷的一部分. 地质科学, (1): 54-63.

全露霞. 2012. 北京西山地区髫髻山组火山岩典型岩相结构及其成因分析. 北京: 首都师范大学.

宋鸿林. 1987. 北京西山南部构造序列初探. 地球科学, (1): 15-20.

宋时雨. 2014. 北京西山"青白口穹窿"与北西向构造: 特征及意义. 北京: 中国地质大学(北京).

童金南, 徐冉, 袁晏明. 2013. 北京周口店地区岩石地层及沉积序列和沉积环境恢复. 地球科学与环境学报, (1): 15-23.

汪洋, 姬广义, 孙善平, 等. 2009. 北京西山沿河城东岭台组火山岩成因及其地质意义. 地质论评, (2): 191-214.

汪洋, 姬广义, 夏希凡. 2005. 北京西山南大岭组玄武岩地球化学演化及其地质意义. //中国灾害防御协会火山专业委员会, 中国矿物岩石地球化学学会火山与地球内部化学专业委员会, IAVCEI中国委员会. 火山作用与地球层圈演化——全国第四次火山学术研讨会论文摘要集: 4.

王恩营. 2006. 北京周口店复杂地质作用关联分析. 河南理工大学学报(自然科学版), (4): 292-294.

王人镜, 马昌前. 1989. 北京周口店侵入体特征及其侵位机制. 地球科学, (4): 399-406.

张长厚, 张勇, 李海龙, 等. 2006. 燕山西段及北京西山晚中生代逆冲构造格局及其地质意义. 地学前缘, (2): 165-183.

赵宗溥. 1959. 论燕山运动. 地质论评, (8): 339-346.

郑桂森, 刘振锋, 方景玲. 1994. 北京西山妙峰山地区中生界后城组地质特征及划分意义. 北京地质, (1): 13-20.

周园园, 邵龙义, 贺聪, 等. 2011. 北京西山潭柘寺地区石炭-二叠纪层序地层与聚煤作用研究. 中国煤炭地质, (3): 5-10.

朱传庆, 罗杨, 杨帅, 等. 2009. 北京西山寒武系层序地层. 中国地质, (1): 120-130.

朱庭祜. 1951. 北京西山地质志. 地质论评, (2): 154-156.

附录9 突发事件应急处理预案（2015）

中国地质大学（北京）能源实验中心
突发事件应急处理预案

1 应急处理原则

1.1 总体原则

总体原则：预防为先、救人为重、应对为主、避免损失。

第一时间采取有效措施、最大限度减少人财物损失、及时查找事故原因并排除隐患、如实报告事故情况。

（1）紧急处理：若遇火灾，紧急扑灭火苗、紧急疏散、拨打119；若遇人身伤害，进行紧急施救、拨打120或立即送校医院；若遇气体泄漏，切断气源，并保持空气畅通；若遇触电，切断电源，紧急施救，拨打120或立即送校医院。

（2）保护现场。

（3）通知应急组织机构人员，如实告知情况；重大事故必须立即向学校汇报，先口头、后书面。

（4）查找原因、根除隐患、善后处理。

1.2 预防工作组织机构

实验中心主任为主要责任人，成立实验中心内部安全事故预防工作小组。

组长：张金川。

副组长：王宏语、金文正、李哲淳。

成员：实验中心管理人员及各实验室主任。

职责：组织制定安全保障规章制度、保证安全保障规章制度有效实施、组织安全检查并及时消除安全事故隐患、组织制定并实施安全事故应急预案、负责现场急救的指挥工作、及时准确报告安全事故。

1.3 应急电话

紧急救助	火警	119	中心主管	张金川	82322735 139xxxxxxxx	实验室 主任	何金有	134xxxxxxxx
	匪警	110		王宏语	139xxxxxxxx		张元福	189xxxxxxxx
	急救	120		金文正	132xxxxxxxx		李开开	151xxxxxxxx
特情电话	校医院	82322770	中心管理	王建平	136xxxxxxxx		姚艳斌	134xxxxxxxx
	保卫处	82321007		李哲淳	134xxxxxxxx		唐玄	138xxxxxxxx
	实资处	82322837		伍亦文	138xxxxxxxx		芦俊	138xxxxxxxx
学院主管	樊太亮	82321559 139xxxxxxxx	办公室	能源实验 中心	82323625		赖枫鹏	134xxxxxxxx
	唐书恒	82320601 134xxxxxxxx		能源学院	82322754		胡景宏	150xxxxxxxx

2 火灾

2.1 紧急处理

（1）发现火情，现场工作人员立即采取措施处理，防止火势蔓延并迅速报告。

（2）确定火灾发生的位置，判断出火灾发生的原因，如压缩气体、液化气体、易燃液体、易燃物品、自燃物品等。

（3）明确火灾周围环境，判断出是否有重大危险源分布及是否会带来次生灾难发生。

（4）明确救灾的基本方法，并采取相应措施，按照应急处置程序采用适当的消防器材进行扑救。

（5）依据可能发生的危险化学品事故类别、危害程度级别，划定危险区，对事故现场周边区域进行隔离和疏导。

（6）视火情拨打"119"报警求救，并到明显位置引导消防车。

（7）火灾的分类施救：

·包括木材、布料、纸张、橡胶以及塑料等的固体可燃材料的火灾，可采用水冷却法，对资料、档案应使用二氧化碳、卤代烷、干粉灭火剂灭火。

·易燃可燃液体、易燃气体和油脂类等化学药品火灾，使用大剂量泡沫灭火剂、干粉灭火剂将液体火灾扑灭。

202

・带电电气设备火灾，应切断电源后再灭火，因现场情况及其他原因，不能断电，需要带电灭火时，应使用沙子或干粉灭火器，不能使用泡沫灭火器或水。

・可燃金属，如镁、钠、钾及其合金等火灾，应用特殊的灭火剂，如干砂或干粉灭火器等来灭火。

2.2 积极预防

（1）随时关闭电源：防止设备或电器通电时间过长、温度过高并引起着火。

（2）严格操作流程：避免因操作不慎或使用不当，使火源接触易燃物质而引起着火。

（3）注意检查并做防护处理：避免因供电线路老化、超负荷运行而导致线路发热并引起着火。

3 爆炸

3.1 紧急处理

（1）实验室爆炸发生时，实验室负责人或安全员在认为安全的情况下及时切断电源和管道阀门。

（2）所有人员应听从临时召集人的安排，有组织地通过安全出口或用其他方法迅速撤离爆炸现场。

（3）应急预案领导小组负责安排抢救工作和人员安置工作。

3.2 积极预防

爆炸性事故多发生在具有易燃易爆物品和压力容器的实验室。

（1）严禁违规操作：违反操作规程，引燃易燃物品，进而导致爆炸。

（2）设备安检纳入常态：设备老化，存在故障或缺陷，易造成易燃易爆物品泄漏，遇火花而引起爆炸。

4 触电

4.1 紧急处理

（1）迅速切断电路，但不能直接接触，不能用湿手、物接触电插销。

（2）使触电者迅速脱离电源，触电者未脱离电源前，不准用手直接触及伤员。

（3）触电者脱离电源后，应使其就地躺平，严密观察，暂时不要站立或走动。

（4）神志不清者，应就地仰面躺平，且确保气道通畅，并以 5s 时间间隔呼叫伤员或轻拍其肩膀，以判定伤员是否丧失意识。禁止摇动伤员头部呼叫伤员。

（5）重者应立即就地坚持用人工肺复苏法正确抢救，并设法联系医院接替救治。

（6）使伤者脱离电源的基本方法：

· 切断电源开关。

· 若电源开关较远，可用干燥的木橇、竹竿等挑开触电者身上的电线或带电设备。

· 可用几层干燥的衣服将手包住，或者站在干燥的木板上，拉触电者的衣服，使其脱离电源。

4.2　积极预防

（1）严谨私拉电线，禁用非实验室电器，不违规操作。

（2）非专业人员不得拆改仪器，严格按规定进行实验操作。

（3）经常检查，防止电路老化。

5　中毒

5.1　紧急处理

（1）视中毒原因实施急救，立即拨打 120 或送医院治疗，不得延误。

（2）将中毒者转移到安全地带，解开领扣，使其呼吸通畅，使其呼吸到新鲜空气。

（3）误服毒物中毒者，须立即引吐、洗胃及导泻，患者清醒而又合作时，宜饮大量清水引吐，亦可用药物引吐。对引吐效果不好或昏迷者，应立即送医院用胃管洗胃。

（3）重金属盐中毒者，喝一杯含有几克 $MgSO_4$ 的水溶液，立即就医。不要服催吐药，以免引起危险或使病情复杂化。砷和汞化物中毒者，必须紧急就医。

（4）吸入刺激性气体中毒者，应立即将患者转移离开中毒现场，给予 2%～5% 碳酸氢钠溶液雾化吸入、吸氧。气管痉挛者应酌情给解痉挛药物雾化吸入。应急人员一般应配置过滤式防毒面罩、防毒服装、防毒手套、防毒靴等。

（5）常见的中毒症状

· 咽喉灼痛。

· 嘴唇脱色或发绀。

· 胃部痉挛或恶心呕吐。

· 其他特有症状。

5.2 积极预防

（1）不将食物、饮料和水带入存在风险的实验室。

（2）设备安全检查，防止因设备设施老化、存在故障或缺陷等原因造成有毒物质泄漏或有毒气体排放不出；避免废水排放管路受阻或失修改道，造成有毒废水未经处理而流出；按照要求处理实验"三废"。

（3）严格化学试剂管理，避免造成有毒物品散落流失，引起环境污染。

（4）严格操作流程，在抽风橱内进行操作，必要时佩戴相应的防护用具。

6 化学灼伤

6.1 紧急处理

6.1.1 一般部位灼伤

强酸、强碱及其他一些化学物质灼伤时，立即用大量流动清水冲洗，再分别用低浓度的（2%~5%）弱碱（强酸引起的）、弱酸（强碱引起的）进行中和。处理后，再依据情况而定，做下一步处理。

（1）化学灼伤、碱灼伤：先用水洗，再用2%醋酸溶液洗。

（2）酸灼伤：先用大量水洗，再用 $NaHCO_3$ 溶液洗。

6.1.2 眼睛灼伤

溅入眼内时，在现场立即就近用大量清水或生理盐水彻底冲洗。冲洗时，眼睛置于水龙头上方，水向上冲洗眼睛，时间应不少于 15 min，切不可因疼痛而紧闭眼睛。处理后，再送眼科医院治疗。

6.2 积极预防

（1）避免皮肤直接接触强腐蚀性物质、强氧化剂、强还原剂，如浓酸、浓碱、氢氟酸、钠、溴等引起的局部外伤。

（2）在做化学实验时根据实验要求配戴护目镜，避免眼睛受刺激性气体熏染，避免化学药品特别是强酸、强碱、玻璃屑等异物进入眼内。

（3）避免在紫外光下长时间用裸眼观察物体。

（4）使用毒害品时配戴橡皮手套。

（5）在处理具有刺激性和有毒的化学药品时，必须在通风橱中进行，避免吸入药品和溶剂蒸气。

（6）不得用鼻子直接嗅气体，严禁用口吸吸管移取浓酸、浓碱、有毒液体。

7 创伤

7.1 紧急处理

（1）视创伤类型实施现场处理。
（2）衣物、肢体卷入机器：立刻停止机器运转，切断电源。
（3）视情况拨打120或到就近医院进行处理。

7.2 积极预防

严格按操作规程和流程进行操作。

8 突水

8.1 紧急处理

（1）切断电源和水阀。
（2）通知实验中心应急小组、学校保卫处或拨打110。
（3）抢救重要设备和物资。
（4）想办法尽量排水，减少损失。

8.2 积极预防

（1）离开实验室前检查水源状况。
（2）定期进行上下水管道和水龙头安全状况检查。

9 漏气

9.1 紧急处理

（1）立刻关闭阀门或将气瓶置于空气流通处。
（2）同时进行紧急疏散。
（3）禁止开合电源或进行其他可能引发火花的操作。

9.2　积极预防

（1）严格按照操作规程进行作业。
（2）保持室内空气流通。

10　地震

10.1　紧急处理

（1）从就近的步梯有序撤离，严禁使用电梯，避免拥堵踩踏。
（2）来不及逃离时，迅速寻找墙角、厕所等相对安全的地方暂时躲避。
（3）根据自己的能力实施自救和救助。

10.2　积极预防

（1）普及地震及防灾常识，保持逃生路线畅通。
（2）了解紧急救助知识。

11　踩踏

11.1　紧急处理

（1）大声呼救，周围人群对伤者形成保护墙。
（2）尽快传递消息，防止事态进一步严重化。

11.2　积极预防

（1）避免高密度人流，特别是楼梯处。
（2）保持通道畅通和行走间距。

12　失窃

12.1　紧急处理

（1）维护现场。
（2）拨打110、学校保卫处以及应急处理小组电话。

12.2　积极预防

（1）平时注意安全检查，离开实验室前锁好门窗。
（2）不在实验室内存放私人贵重物品。
（3）严格实验室钥匙管理制度。

13　寻衅滋事

13.1　紧急处理

（1）采取适当措施，避免情况进一步恶化。
（2）情况严重者，拨打110、学校保卫处以及应急处理小组电话。

13.2　积极预防

（1）严格实验室进出制度。
（2）明确实验室规章制度，加强纪律教育。

能源实验中心
2015 年 3 月 17 日